U0691504

C# 编程技术的研究及案例分析

秦光源 徐瑗蔚 张 剑 著

中国原子能出版社
China Atomic Energy Press

图书在版编目（ＣＩＰ）数据

C# 编程技术的研究及案例分析 / 秦光源，徐瑷蔚，
张剑著 . -- 北京：中国原子能出版社，2018.8
ISBN 978-7-5022-9353-6

Ⅰ . ① C… Ⅱ . ①秦… ②徐… ③张… Ⅲ . ① C 语言－
程序设计 Ⅳ . ① TP312.8

中国版本图书馆 CIP 数据核字（2018）第 204623 号

内容简介

C# 是微软公司发布的一种面向对象的、运行于 .NET 平台上的高级程序
设计语言，一种安全的、稳定的、简单的、优雅的，由 C 和 C++ 衍生出来的
面向对象的编程语言，它在继承 C 和 C++ 强大功能的同时去掉了一些它们的
复杂特性。《C# 编程技术的研究及案例分析》首先对 C# 的基础理论进行论述，
将文字与代码结合，全面的阐述 C# 语言的各种特性。然后结合各种应用实例
进行分析，从而使得读者轻松了解并学习 C# 编程程序的开发精髓，可以更好
的领会 C# 的魅力。

C# 编程技术的研究及案例分析

出版发行	中国原子能出版社（北京市海淀区阜成路 43 号　100048）
责任编辑	王　丹　高树超
装帧设计	河北优盛文化传播有限公司
责任校对	冯莲凤
责任印制	潘玉玲
印　　刷	定州启航印刷有限公司
开　　本	787 mm×1092 mm　1/16
印　　张	14.75
字　　数	319 千字
版　　次	2019 年 1 月第 1 版　2019 年 1 月第 1 次印刷
书　　号	ISBN 978-7-5022-9353-6
定　　价	56.00 元

发行电话：010-68452845　　　　　　版权所有　　侵权必究

前　言

我国的软件产业保持着高速增长趋势，该产业已成为我国重要的产业之一。在互联网背景下，优秀的 IT 人才需求量大，供不应求，培养合格、优秀的 IT 人才是当下研究的问题和重点。

计算机编程语言从诞生开始就在不断更新、不断发展、不断成熟化。.NET 框架是微软在 2000 年专业开发者会议上提出的开发平台，这是一个革命性的应用程序开发平台，该平台建立在开放的 Internet 协议和标准之上，采用了许多新的工具用于计算和服务。创建 XML Web 服务（下一代软件）平台，将信息、设备和人以一种统一的、个性化的方式联系起来。在该平台中，C# 作为微软面向下一代应用平台的核心语言，能够让开发人员在 .NET 平台上快速开发应用程序。可以说，C# 是面向 .NET 框架的、可以兼顾开发能力和效率的、与当前的 Web 应用结合较好的、全新的开发工具和首选开发语言。C# 为程序员提供了开发 Web 应用程序所需要的强大而灵活的功能，未来大量 .NET 平台的应用将由 C# 开发，C# 将是未来开发企业级分布式应用程序的首选。

鉴于 .NET 框架以及核心编程语言 C# 在微软的大力推广下将成为未来影响人类生活的最先进技术平台之一，并且是今后 IT 人才培养的基础，因此，学习相关技术就显得十分必要和迫切。微软 .NET 平台包括工具、服务器、XML Web 服务、客户端，其新的理念涉及计算机技术的方方面面，很多内容都可以作为一个专题进行研究。

作者具有十多年的项目开发经验和程序设计教学经验，经过大量的相关技术分析和参考众多国内外相关书籍编写本书，主要研究 C# 语言及其开发环境、.NET 框架、ADO. NET 和 ASP. NET 等内容。希望通过本书，帮助初学者快速掌握 C# 语言，提升开发能力。

目 录

第一章 C# 概述

C# 是微软公司发布的一种面向对象的、运行于 .NET Framework 之上的高级程序设计语言。C# 具有一种安全、稳定、简单的特征，是由 C 和 C++ 衍生出来的面向对象的编程语言。C# 与 Java 相似，具有与 Java 几乎同样的语法和编译成中间代码再运行的过程。本章主要介绍 C# 的由来、特点以及运行环境，为后面 C# 编程做铺垫。

第一节 C# 的发展历史与特点

C# 语言诞生于 20 世纪末期，它也是一种高级编程语言。下面介绍 C# 语言的来源、特点，C# 与 Java、C++ 有什么关系。

一、C# 的产生

当微软以 MS-DOS 主宰着全球个人计算机操作系统市场的时候，微软在软件技术上的成就，并不是很突出。微软操作系统的能力，以 MS-DOS 的 16 位单机操作系统为例，尚比不上当时 IBM 的 OS/2 或是尚未登上操作系统主流舞台的 Linux。要论开发环境，微软除 Quick Basic 之外，大部分的开发环境仍是 Borland 的天下，Turbo C++ 仍是当时的主流开发平台。

这个态势在微软推出 Windows 3.0 视窗操作系统时更为明显。虽然是自家推出的视窗环境操作系统，但具有讽刺意味的是，微软并没有为这个操作系统提供任何完全视窗环境下的集成开发环境（IDE）。倒是开发软件供应商的老大哥——Borland 率先提供了 Borland C++ 这个完全在视窗环境下，就可以开发软件的开发工具。

1995—1996 年，Internet 以出人意料的速度发展，同时造就了许多新兴的事业与公司。其中给人印象最深的要数 Netscape。Netscape 以开发 www 浏览器——Netscape Navigator 起家，在两年的时间内迅速崛起，成为 Internet 上最知名的软件公司。在同一时期，Sun 也以 Java 拓展了自己的另一块事业版图。在 Sun 与 Netscape 的相互应合之下，微软这个软件帝国的霸主地位，正逐渐地受到怀疑和挑战。

1996 年，是微软反败为胜最为关键的一年。这个时候，微软终于开始正视 Internet 的威力了。在网络用户端方面，微软以免费的方式发行自家的浏览器（其实是并购来的）Internet Explorer 以打击 Netscape。在网络服务器方面，微软在 Windows NT 4.0 中，免费附加了 IIS（Internet Information Server）2.0，内附有 WWW、FTP 以及 Gopher 等服务器，同样是希望能够以免费的手段来取得市场占有率。但最重要的技术革新，还是在 ActiveX 之前微软在 Internet 应用上所做的努力，已获得若干成效。Internet Explorer 的占有率，也终于能够与 Netscape 并驾齐驱，并且有取而代之的气势。此时，微软欠缺的就是一个全面性的网络整合平台。

1999 年初，微软推出了在 Windows NT 平台上的 Windows NT 4.0 Option Pack，其中包含了 IIS 4.0、MTS（Microsoft Transaction Server）、ASP（Active Server Pages）、信息队列（Microsoft Message Queue，MSMQ）等功能。同时，微软的第一个完全整合 Windows 与 Internet 的平台——Windows DNA 也诞生了。

在 Windows DNA 之后，微软便开始将重心转到一个新的计划——新一代的 Windows 系统（Next Generation Windows System，NGWS）。NGWS 的目的是整合新的设备和技术，希望带给用户一个全新的使用体验。NGWS 包括：Windows DNA 的新一代——Windows DNA 2000、ASP 的新一代——ASP.NET（之前名为 ASP+）、Visual Studio 6.0 的新一代——Visual Studio.NET，以及将来的 Windows.NET。这个 NGWS 计划，就是现在所看到的 .NET。C# 即为其核心开发的计算机语言。

计算机编程语言（如 C++ 和 Java）和消费类电子设备（如移动电话）的进步，带来了新的问题和需求。即对各种语言编写的组件进行集成是一件很困难的事，而且由于新版本的共享组件和旧的软件不兼容，安装也常常出现问题。同时，开发人员还发现他们需要基于 Web 的应用程序，以便可以通过 Internet 进行访问和使用。移动电子设备的普及使得软件开发人员意识到客户不再局限于桌面计算机系统。开发人员意识到一种软件需求：让任何人从任何地方，在任何时间使用任何设备访问 Internet 上的服务。基于这些要求，微软发布了它的 C#（读作 C Sharp）和 C# 所在的集成开发环境 Visual Studio.NET（读作 dot-net，简记为 .NET）。

二、C# 的定义

（一）C# 的定义

C# 编程语言是由微软的 Anders Hejlsberg 和 Scott Wiltamuth 领导的一个小组开发的，是为 .NET 平台专门设计的语言，以便让程序员更容易转移到 .NET 平台上来。因为 C# 是在 C、C++ 和 Java 的基础上，吸取了每种语言的优点并增加了自己的特点，因此这种转移是易于实现的。

C# 是一种现代的、类型安全的、完全面向对象和可视化的编程语言。它的目标是将 Visual Basic 的高产和 C++ 底层高效的特性结合起来。它可以使程序员快速而容易地为微软 .NET 平台开发解决方案。

（二）C# 与 Java 及 C++ 的对比

作为一种高级语言，C# 语言与其他高级语言，特别是与 Java 语言比较，又有什么异同点呢？下面对 C# 和 Java 以及 C++ 进行比较。

C# 和 Java 的相同点是非常多的，软件技术的发展同样也是一个继承和发展的过程，因此，C# 和 java 有很多相似或相同的内容是很正常的。其相同点包括：可编译为机器独立、语言独立的代码，运行在托管运行环境中；采用垃圾收集机制，同时摒弃了指针；具有强有力的反射能力；没有头文件，所有代码都包装在程序集里，不存在类声明的循环依赖问题；支持多继承接口、单继承实现；所有的类都派生自 object，且必须用 new 关键字分配于堆上等。

既然 C# 和 Java 之间有这么多的相同之处，那么，C# 是否就是微软推出的 Java 的克隆产品？是否就是 C 与其他高级语言的简单组合呢？其实这个理解是错误的。

首先，C# 不是 Java 的克隆。在实现方式上，C# 与 Java 之间存在着一定的差异。Java 可以在任何有 Java 虚拟机器的平台上执行。C# 目前只能在 Windows 上执行。C# 先将代码编译为中间语言（Intermediate Language，IL），然后通过 just-in-time（JIT）的编译方式或原生码编译方式来执行；Java 可以在任何有 Java 虚拟机器（Java Virtual Machine，JVM）的平台上执行，也可以编译成原生码。而在 .NET 框架下，所有的语言都被编译为相同的 IL 代码，运行时由公共（通用）语言运行时（Common Language Runtime，CLR）负责管理，使用相同的组件，真正做到了多语言的集成。

其次，C# 也不是 C 与 Java 或其他高级语言的简单组合。在设计 C# 期间，考察了多种语言，如 C++、Java、Modula2、C、Smalltalk 等。很多语言都包含有与 C# 开发环境相同的核心思想，如深度面向对象、简化对象等。C# 和这些高级语言，尤其是 Java 的关键不同点是，它非常接近 C++。C# 从 C++ 直接借用了大多数的操作符、关键字和声明。同时，C# 还保留了许多被 Java 抛弃的语言特性，如枚举等特性。在 C++ 中，枚举显然是一个很有意义的概念，在 C# 中，保留了枚举并同样使其类型安全。C# 还保留了操作符重载和类型转换。C# 名字空间的整体结构也非常接近 C++。

另外，设计 C# 语言的一个关键的目标是使其面向组件。C# 加入了在编写组件时所需要的所有概念，如属性（Property）、方法、事件、特性（Attribute）和文档等。设计的特性（Attributes）是一种崭新的声明性信息，是全新的和创新的方法。它使得软件开发者不仅可以通过特性来定义设计层面的信息以及运行时信息，而且还可以利用特性建立自描述（Self describing）组件，可为任何对象加入有类型的、可扩展的元数据。这是目前其他程序语言所不具备的。C# 也是第一个合并 XML 注释标记的语言，编译器可以用其直接从源码中生成可读的文档。因此，可以说 C# 集成了许多原有技术的优点并加以创新和提高。

总之，C++ 高效但是不安全，Java（跨平台）安全但是较低效，C# 安全且较高效。表 1-1 列出了这三种面向对象语言的功能和特点的部分比较。

表 1-1 C# 与 C++ 和 Java 的比较

功　能	C++	Java	C#
跨平台	源代码（部分）	字节码	通用语言结构 CLI
执行方式	编译	编译 + 解释	编译 +JIT 转换
中间代码	无	字节码 Bytecode	微软中间语言 MSIL
运行环境	操作系统	JVM	CLR
内存管理	直接分配和删除	垃圾内存自动回收	垃圾内存自动回收
多重类继承	支持	不支持	不支持
操作符重载	支持	不支持	部分支持
对象访问	地址 / 指针	引用	引用
接口类型	无	有	有
属性成员	无	无	有
命名空间	支持	包机制	支持
指针	支持	不支持	部分非安全代码
函数指针	支持	适配器 + 监听程序	委托
全局函数与变量	有	无	无
无符号整数类型	有	无	有
强制类型转换	支持	不支持	支持
越界自动检查	无	有	有
多维数组	数组的数组	数组的数组	真正多维数组
索引	支持	不支持	支持
线程同步	调用函数	语言内部	语言内部
异常处理	可选	支持检查异常	只支持非检查异常
标准类库	贫乏	丰富	庞大
适用领域	面向对象的系统和界面编程	跨平台（服务器端）网络编程	基于 Windows 平台 .NET 和组件编程

表 1-1 中，公共语言基础结构（Common Language Infrastructure，CLI）是 CLR 的一个子集，为 IL 代码提供运行的环境。.NET 环境下的任何语言编写的代码，通过其特定的编译器转换为 MSIL 代码之后均可运行其上。

三、C# 的特点

由于 C# 几乎集中了所有关于软件开发和软件工程研究的最新成果，即面向对象、类型安全、组件技术、自动内存管理、跨平台异常处理等，因此，C# 应该是目前最好的计算机编程语言之一。

C# 语言的特点可以归纳为以下五个方面。

（一）简单性

C# 语言的简单性具体体现在：

（1）C# 限制了指针操作，虽仍能够使用，但在默认情况下，不允许直接对内存进行操作。在 C++ 中所使用的操作符，如"：："和"->"都不能在 C# 中使用，在 C# 中支持的相应操作符为"."。如果一定要对内存地址进行操作，可在不安全模式下进行。

（2）因为 C# 是基于 .NET 平台的，因此，它继承了自动内存管理和垃圾回收的特点。

（3）在 C# 中，整形数值 0 和 1 不再作为布尔值出现。C# 中的布尔值是纯粹的 true 值和 false 值。"= ="被用于进行比较操作，而"="被用作赋值操作。

（二）现代性

C# 语言是微软为了其推出的 .NET 平台而开发的一门高级语言，是目前最新的计算机语言。具体体现在：

（1）C# 支持组件编程，对于创建相互兼容的、可伸缩的、健壮的应用程序来说，是非常强大和简单的。

（2）C# 拥有内建的支持将任何组件转换成一个 Web Service 的功能，运行在任何平台上的任何应用程序，都可以通过互联网来使用这个服务。

（3）C# 是第一个合并 XML 的语言，编译器可以用其直接从源代码中生成可读的文档。

（三）面向对象性

C# 语言是一种真正的面向对象语言，具体体现在：

（1）与 C++ 相比，C# 没有全局变量和全局函数等，所有的代码都必须封装在类中（甚至包括入口函数 Main 方法），不能重写非虚拟的方法，增加了访问修饰符 internal，不支持多重类继承（似 Java，用多重接口实现来代替）。

（2）C# 中提供了装箱和拆箱机制。这样，在 C# 的类型系统中，每一个类型都可以看作一个对象。

（3）C# 只允许单继承，即一个类只能有一个基类，从而避免了类型定义的混乱。

（四）类型安全性

C# 语言具有很强的保护功能，确保使用的安全性，具体体现在：

（1）取消了不安全的类型转换，如在 C# 中不能将 double 转换成 boolean。

（2）不允许使用未初始化的变量。值类型（常量类型）被初始化为零值而引用类型初始化时默认为 null。

（3）数组类型下标从零开始，进行越界检查，不让数组越界。

（4）检查类型溢出。

（5）用委托取代函数指针，增强了类型安全。

（五）相互兼容性

C# 语言有很强的兼容性，在其集成开发环境中，各种语言可以交叉使用，体现在：

（1）C# 提供对 COM 和基于 Windows 的应用程序的支持。

（2）允许对原始指针的有限制地使用，C# 允许用户将指针作为不安全的代码段来操作老的代码。

（3）用户不再需要显示地实现 unknown 和其他 COM 界面，这些功能已经建成。

（4）VB.NET 和其他中间代码语言中的组件可以在 C# 中直接使用。

第二节　C# 语言开发环境的构建

C# 是 Visual Studio.NET 集成开发环境中的代表性语言，本书首先介绍 C# 所在的集成开发环境，然后介绍 C# 的程序结构，以及如何在 Visual Studio.NET 集成开发环境下编译调试 C# 程序。

一、Visual Studio.NET 集成开发环境简介

Visual Studio.NET 是一套完整的开发工具集，用于生成 ASP.NET Web 应用程序、XML Web Services、桌面应用程序和移动应用程序，并提供了在设计、开发、调试和部署 Web 应用程序、XML Web Services 和传统的客户端应用程序时所需的工具。Visual Basic、Visual C++、Visual C# 和 Visual J# 都使用这个相同的集成开发环境（IDE），利用此 IDE 可以共享工具且有助于创建混合语言解决方案。另外，这些语言利用了 .NET Framework 的功能，通过此框架可使用简化 ASP Web 应用程序和 XML Web Services 开发的关键技术。

（一）Visual Studio 2015 的安装环境要求

安装 VisualStudio 2015 版本的计算机需满足下列主要系统要求（目前一般计算机均可满足该版本以及更高版本对硬件的要求）：

（1）处理器：1 GHz 以上。

（2）内存：1 G 以上。

（3）可用硬盘空间：不含 MSDN 时，系统驱动器上需要 1 GB 的可用空间，安装驱动器上需要 2 GB 的可用空间；包含 MSDN 时，系统驱动器上需要 1 GB 的可用空间，完整安装 MSDN 的安装驱动器上需要 3.8 GB 的可用空间，默认安装 MSDN 的安装驱动器上需要 2.8 GB 的可用空间。

（4）操作系统：Windows 7/8/10 版本。

从 https://msdn.microsoft.com 网址下载 Visual Studio 2015 安装文件，按照操作步骤安装并配置文件即可。一旦安装了 IIS，IIS 便会自动运行，而且会在每次开机之后自动运行。完成 IIS 的安装后，系统会自动建立两个文件夹。

（二）Visual Studio.NET 集成开发环境

Visual Studio.NET 是一套完整的、功能强大的集成开发工具，用于生成 ASP Web 应用程序、XML Web services、桌面应用程序和移动应用程序。Visual Studio.NET 为 Visual Basic.NET、Visual C++.NET、Visual C#.NET 和 Visual J#.NET 提供了相同的集成开发环境（IDE）。该环境允许它们共享工具，并且有助于创建混合语言解决方案。另外，这些语言利用了 .NET Framework 的功能。使用该框架，有助于简化 ASP.NET Web 应用程序的开发，以及 XML Web services 的构建。图 1-1 所示为 Visual Studio.NET 集成开发环境。这是设置成默认的 Visual C# 开发设置，并打开一个 Visual C# 项目时的情况。

集成开发环境是一个标准的 Windows 应用程序界面，由主窗口、解决方案资源管理器窗口、属性窗口、服务器资源管理器窗口、工具箱、错误列表窗口等各种工具窗口组成。

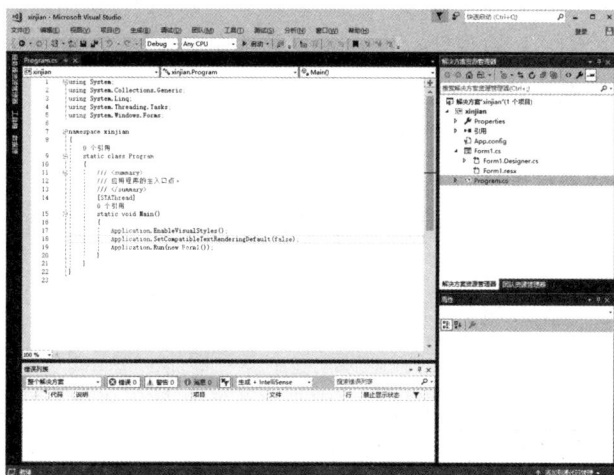

图 1-1 Visual Studio.NET 集成开发环境

（1）主窗口：位于整个用户界面的中央，其作用主要是用户代码编写区和图形用户界面的显示区。该窗口是 Visual Studio 最主要的部分，称之为"操作区"。

（2）解决方案资源管理器窗口：在默认布局设置的情况下，在集成开发环境的右边上侧，该窗口主要用来对各种解决方案进行管理。当有项目打开后，项目文件就会以树状在这里显示，解决方案资源管理器窗口，主要用于显示解决方案、解决方案的项目及这些项目中的项。可以在其中对项目文件进行添加、打开、复制、删除等一系列操作。只需要在各项上右击，在弹出的右键快捷菜单上，进行相应的选择即可。该窗口的上方，提供了相应的操作按钮。将鼠标移动至每个按钮上，都会有相应的提示。

（3）属性窗口：主要是用来对当前所编辑的对象进行属性的设置。默认情况会在右侧下方显示。可以在视图菜单中，选择"属性窗口"打开，也可以直接按 F4 键打开，还可以右击所编辑的对象，选择"属性"菜单打开。

（4）服务器资源管理器窗口：作用主要是设置本地或远程服务器，对服务器端的数据库或数据建立连接。该窗口可以在工具菜单上单击"视图"菜单打开，也可以直接使用快捷键 Ctrl+Alt+S 组合键打开。

（5）工具箱：通常隐藏在画面的左侧，主要为相应的项目文件提供控件工具。工具箱中具体显示的工具控件，会自动选择与当前编辑文件匹配的所用工具控件。

（6）错误列表窗口：默认情况下会在下方显示。可以通过在"视图"菜单中选择"错误列表"来实现，也可以直接使用快捷键 Ctrl+E 组合键来打开。该窗口的作用是显示程序的错误、警告和消息的内容和具体位置，对程序的调试和编写有很大帮助。

二、C# 编程的设计流程

（一）C# 可以用来开发三种不同类型的程序

（1）Windows Applications（Windows 应用程序）：所谓的 Windows 应用程序是指运行于 Windows 操作系统上的程序。针对用户界面的不同，又可以分为控制台应用程序（Console Application）及窗口应用程序（Windows Application）两种。前者就是在 Windows 的命令提示符窗口执行的程序，而后者就像是在 Windows 操作系统下执行的功能软件，包括菜单、工具栏、各式各样的窗口之类的程序。

（2）Web Application（Web 应用程序）：简单来说就是，以浏览器为运行平台的网页应用程序，一般称为 ASP.NET。

（3）Web Services（Web 服务）：简单来说就是，以 HTTP 为通信协议的类，一般称为 ASP.NET Web Services。

本书绝大部分的情况下，使用控制台应用程序作为范例来说明 C# 的语法及面向对象程序设计，对于其他类型的程序仅做一般性的入门介绍。

（二）C# 的基本编码规则

（1）标志符和保留字：C# 语言中，标识符是以字母、下划线 "_" 或 "@" 开始的一个字符序列，后面可以跟字母、下划线、数字。C# 语言区分大小写。一般变量名首字母小写，后面各单词首字母大写；而常量、类名、方法、属性等首字母大写。有些标识符具有专门的意义和用途，不能当做一般的标识符使用，这些标识符称为关键字或保留字，如 namespace、static、using。

（2）书写规则：每行语句以 "；" 结尾。空行和缩进被忽略。多条语句可以处于同一行，用分号分隔。大括号 { } 要成对出现。

1. 创建项目

解决方案是 Visual Studio 提供的有效管理应用程序的容器。一个解决方案可以包含一个或多个项目，而每个项目能够解决一个独立的问题。下面来创建第一个项目。在安装了

Visual Studio.NET 2015 集成开发环境的计算机上，可以通过选择"文件"菜单，指向"新建"，然后单击"项目"菜单项，这时会打开"新建项目"对话框。在左侧"项目类型"栏中选择"Visual C#"下的"Windows"选项，然后在右侧"模板"栏中选择"控制台应用程序"，最后在"名称"栏中填入项目名称"Hello"，单击"确定"按钮。按刚才的创建路径依次打开，可以看见一个名为 Hello 的文件夹。打开该文件夹，可以看见两个解决方案文件（扩展名为 .sln 和 .suo 的文件）。

Visual Studio.NET 采用两种文件类型（.sln 和 .suo）来存储特定解决方案的设置。这些文件总称为解决方案文件，为解决方案资源管理器提供显示管理文件的图形接口所需的信息。从而使用户每次开发任务时，都能够全身心地投入到项目和最终目标中，不会因开发环境而分散精力。

.sln：它是解决方案文件，使用 Visual Studio 创建解决方案会自动创建该文件。该文件为解决方案资源管理器，提供显示管理文件的图形接口所需的信息。该文件将一个或多个项目的所有元素组织到单个的解决方案中。

.suo：它是 solution user option 的缩写，是非常重要的文件，这种文件是隐藏的，使用 Visual Studio 创建解决方案时就会自动创建该文件。该文件储存了用户界面的自定义配置，包括布局、断点和项目最后编译的而又没有关掉的文件（下次打开时用）等，以便于下一次用户打开 Visual Studio 时，可以恢复这些设置。因此不要随便删除，当然也无法删除。

在 C# 中，项目是一个独立的编程单位，其中包含一些相关的文件，若干个项目就组成了一个解决方案。解决方案资源管理器以树状的结构，显示整个解决方案中包含哪些项目以及每个项目的组成信息。除了 .sln 和 .suo 类型的文件外，还有以下类型的文件。

bin 文件夹：包含一个子目录，含文件，即生成的可执行文件。

obj 文件夹：包含一个子目录，含编译过程中生成的中间代码，文件包含完整的调试信息。

.ico 文件：应用程序图标文件。

AssemblyInfo 模块：包含部件属性设置，用来设定生成的 dll 程序集的一些常规信息，部分信息可以在引用 dll 时，从属性中直接看到。

.csproj 文件：项目文件，创建应用程序所需的引用、数据连接、文件夹和文件的信息。

.csproj.user 文件：解决方案用户选项文件。

其他多个 .cs 文件：用户自定义的项目文件，即 C# 源代码文件。

2. 编写代码

这样，就创建了一个名为"Hello"的解决方案，在该解决方案中包含着一个同名的项目，在右边的"解决方案资源管理器"窗口中可以看到该项目所包含的所有文件。双击"Program.cs"文件，使其在代码编辑器中打开，观察文件中的代码。

这些代码是自动生成的，其中有这样一段：

static void Main(string [ ] args)

```
    {

    }
```

这是 C# 程序的主函数，是 C# 程序的起点，现在向主函数内添加一段代码。代码的功能是在控制台输出窗口中输出打印"Hello，World！"，代码如下：

```
//Program.cs
/* 第一个 C# 程序，C# 源程序代码的文件后缀名为 .cs*/
using System；/// 包含 .NET 应用程序使用的大多数基本类型
using System.Collections.Generic；/// 包含用于处理集合的泛型类型
using System.Text；/// 包含与字符串处理和编码相关的类型
name space Hello
{
        class Program
        {
        static void Main(string[ ] args)
        {
            Console.WriteLine（"Hello，World！"）；
        }
    }
}
```

下面从外向内介绍程序 Program.cs 代码的各个组成部分：

（1）namespace 关键字：在编写规模比较大的程序时，随着代码的增多，由于有较多的名称、命名数据、已命名方法以及已命名类等，这就很可能发生两个或者两个以上的名称冲突，造成程序的混乱甚至错误。微软在 .NET 中引入了命名空间（namespace），就是用来解决这个问题的。它为各种标志符创建一个已命名的逻辑容器，同名的两个类如果不在同一个命名空间中，就不会发生冲突。例如，System 是一个命名空间，Console 是该命名空间中的类。

（2）using 关键字：使用命名空间内的成员时，要在它们的前面加上一长串的命名空间限定：

命名空间 . 命名空间 …… . 命名空间 . 类名称 . 方法名（参数，……）；

例如：

System.Console.WriteLine（"Hello World"）；

这显然很不方便，为了使得代码简洁，C# 语言中使用 using 语句来导入 .NET Framework System 类库提供的命名空间。例如：

using System；

然后，在类中就可以这样写：

Console.WriteLine（"Hello，World"）；

调用不同类，实现所需要的功能。这样就可以在以后的程序中直接使用此命名空间中的类。在后面的章节中读者会逐渐了解这三个命名空间的作用，而且还会认识和了解更多的命名空间。表 1-2 所列是系统定义的命名空间的一部分。

表 1-2　常用命名空间

命名空间	说　明
System	定义通常使用的数据类型和数据转换的基本 .NET 类
System.Drawing	处理图形和绘图，包括打印
System.Text	供 ASCII、Unicode、UFT-7 和 UTF-8 字符编码处理
System.Data	ADO.NET 中处理数据存取和管理
System.XML	提供对 XML 文档的处理
System.IO	管理对文件和流的同步和异步访问
System.Windows	处理基于窗体的窗口的创建
System.Reflection	包含从程序集读取元数据的类
System.Threading	包含用于多线程编程的类
System.Collections	包含定义各种对象集的接口和类

在后续的章节中还会介绍一些其他的命名空间。

（3）class 关键字：C# 是一种面向对象的语言，使用 class 关键字表示类，程序员编写的任何代码都应该包含在一个类中（即将所有属于这个类的代码都放在类名后面的一对大括号中），类要包含在一个命名空间中。在程序模板生成时，Visual Studio 会自动起一个类名 Program。如果不喜欢这个命名，可以进行更改。C# 与 Java 不同，不要求类名必须与源文件的名字一样。C# 语言区分字母的大小写，如"Program"和"program"，但在编写程序时尽量不要通过大小写来区分名称。

（4）Main 方法：C# 中的 Main 方法（与 Java 中的 Main 方法作用相同），是应用程序的入口点，应用程序从这里开始运行。虽然程序不是从上往下逐条执行的，但也要从一个固定的位置开始执行，这个固定位置在程序中叫做"入口"。而 Main 方法就是 C# 程序的入口，Main 方法是所有 C# 应用程序的起始点，没有 Main 方法，计算机就不知道该从哪里开始执行程序。在编写 Main 方法时，要求按照上面的格式和内容进行书写，Main 方法前面可使用 public、static、void 修饰，而且顺序不要改变，中间用空格分隔。一个程序只能有一个 Main 方法，而且 C# 中的 Main 方法首字母必须大写。Main 方法的返回值可以用 void 或者

int，Main 方法中的命令行参数可以没有。因此，这样组合一下，C# 中的 Main 方法有四种形式：

static void Main(string[ ] args){ }

static int Main(string[ ] args){ }

static void Main(){ }

static int Main(){ }

除了 Main 方法外，程序中的类包含的每一个方法都必须有一个返回值。对于没有返回值的方法，说明返回值为 void。

（5）Console 类输入 / 输出方法：控制台应用程序中，Console 类提供一组输入 / 输出方法来实现通过屏幕的数据输入和输出，见表 1-3。

表 1-3　Console 类输入 / 输出方法

方法名称	功能说明
Console.WriteLine()；	将要输出的字符串与换行控制字符一起输出，当前语句执行完毕时，光标会移到目前输出字符串的下一行
Console.Write()；	光标会停在输出字符串的最后一个字符后，不会移动到下一行，其余的用法与 Console.WriteLine() 一样
Console.ReadLine()；	用于从控制台一次读取一行字符串，直到遇到 Enter 键才返回读取的字符串，但此字符串不包含 Enter 键和换行符（\r\n），如果没有接收任何的输入，或接收了无效输入，那么它返回 null
Console.Read()；	每次只能从标准输入流中读取一个字符 [程序运行到 Read() 语句时暂停，直到用户输入任意的字符，并按 Enter 键才返回继续运行]，程序将接收的字符作为 int 值返回给变量。如果输入流中没有可用字符，那么则返回 −1；如果用户输入了多个字符，然后按 Enter 键，此时输入流中将包含用户输入的字符。加上 Enter 键和换行键和换行符 "\r\n"，则 Read 方法只返回用户输入的第一个字符，但用户可以通过对程序的循环控制，多次调用 Read 方法，来循环获取所有输入的字符。Read() 方法返回给变量的数据类型为 int 型，如果需要得到输入的字符，则必须通过数据类型显示转换才可以得到相应的字符

Console.WriteLine 方法类似于 C 语言的 printf 函数，以采用 "Console.WriteLine{N[,M][：格式化字符串]}" 的形式来格式化输出字符串，其中的参数含义如下：

大括号（{ }）：用来在输出字符串中插入变量的值。

N：表示输出变量的序号，从 0 开始。

[，M][：格式化字符串]：可选项，其中 M 表示输出的变量所占的字符个数。

[：格式化字符串]：可选项，因为在向控制台输出时，常常需要按指定的格式输出字符串。

给 a、b 和 c 赋值后，观察下列格式化输出的结果：

Console.WriteLine（"a+b={0}"，c）；

Console.WriteLine（"{0}+{1}={2}"，a，b，c）；

Console.WriteLine（"{0}+{1}={2，5}"，a，b，c）；

（6）注释：添加注释可以增强程序的可读性，当其他程序员阅读你写的程序时，更加容易理解你的意图。C# 支持三种不同的注释风格：①C 语言风格的注释"/*…*/"，是块注释，块注释以"/*"开头，以"*/"结尾，注释内容在它们之间；②C++ 语言风格的单行注释"//"注释一行；③C# 语言风格的注释"///"，注释一行，可提供 XML 代码注释，并形成程序的相关文档。因此，在编写注释的时候，建议使用 C# 自己的注释风格进行注释。另外，要养成良好的代码注释习惯。通常，注释应该占实际代码总行数的 1/3。同时，要在编写代码前或编写代码的同时进行代码的注释，尽量不要事后补写注释。注释分为多行注释和单行注释。通常是：在类和方法的前面，要写多行注释，在定义类的变量/常量，以及方法的内部，使用单行注释。注释的前面与代码之间要有空行。即使是单行注释，也要单独一行，不鼓励在语句的后面使用注释。当然，在变量定义的后面使用注释也是允许的。

（7）代码块：这一部分内容是程序的关键所在，是构成 C# 完整程序最基本的内容，需要开发者书写完成。它包括语句、变量、运算符、函数和表达式等主要内容。

"Console.WriteLine（"Hello，World"）；

上面的代码调用了 System 命名空间中 Console 类的一个静态方法 WriteLine，此方法向控制台输出参数中提供字符串。

3. 运行程序

在菜单栏中选择"调试"菜单栏，单击"开始执行（不调试）"菜单项运行程序，这时会出现一个输出窗口，窗口内出现的就是程序运行的结果。

三、C# 的编译调式与处理

有过程序设计经验的人都知道："程序不是写出来的，是调出来的！"每当写完一个程序，如果编译不能通过，绝大多数情况下可以根据错误提示改正过来。绝大多数是简单的语法错误，但随着编程水平的提高，程序容量的增大，经常会出现如下两种情况：

1. 编译不能通过，而且是不明错误造成程序无法继续执行。

2. 编译获得通过，答案错误。

在以上两种情况发生时，仔细观察程序查找错误码是效率极低的方法，正确的做法是对程序进行调试。实践已经证明，凡是仔细观察程序的改错方法，虽然有时可能检查出错误，但效率不高，而且成功率极低，并且会影响开发者的心态。因此，正确掌握程序的编译和调试方法是极其关键的。

安装 Visual Studio.NET 2015 之后，有两种方式来编译和调试 C# 程序：命令行方式和集成开发环境方式。如同编写 C 程序一样，可以使用任何文本编辑器编写 C# 程序，但是要调试和编译 C# 程序，需要有 Microsoft 的 .NET SDK 的支持。如果只是单纯地学习 C# 语言，那么用 .NET SDK 所提供的命令行编译程序就足够了。

（一）基于 .NET SDK 的命令行编译调试

.NET 软件开发工具包 SDK 包括开发人员编写、生成、测试和部署 .NET 框架应用程序时所需要的一切，如文档、示例以及命令行工具和编译器等。如果不想完全安装 Visual Studio.NET，那么可以使用 .NET SDK 来调试 C# 程序。它是最小资源条件下的独立调试环境，.NET SDK 带一个命令行编译器和两个调试工具：The SDK debugger 和 The IL Disassembler。

安装 .NET SDK 前需要预先安装 IE5.5 或以上版本的浏览器和 Data Access Object 2.6，这两个软件可以在微软公司的官方网站上下载。

如果只是安装了 .NET SDK，那么就只能用命令行来进行编译。这里介绍常用的编译命令，其他的编译命令请查看 MSDN 的 .NET 文档。

在安装了 Visual Studio.NET 2015 的计算机上，可以通过"开始"菜单→"程序（P）"→"Microsoft Visual Studio 2015"→"Microsoft Visual Studio 2015"进入集成开发环境。

在集成开发环境下编译调试程序操作起来相对直观一些。可以从文件"（F）"菜单→"新建（N）"→"项目（P）"，打开对话框，单击"确定"按钮便建立了一个基于 C# 控制台应用程序的项目。在"解决方案资源管理器"中打开 Program.cs 文件，并在 Main 方法中加入代码语句。选择"调试（D）"菜单 –"开始执行（不调试）（H）"，项目会自动保存、编译并运行，输出结果。

下面简单介绍一下 csc.exe 的主要使用方法：

csc Hello.cs：Hello.cs 为 C# 程序文件。如果这个程序不存在编译时错误，就可以生成一个扩展名为 exe 的同名文件，也就是 Hello.exe。

csc/out：h.exe Hello.cs：和上面的区别是，指定了输出文件的名称，也就是 h.exe，这样编译生成的文件就是 h.exe。

csc/target：libarary File.cs：编译 File.cs 生成 File.dll。

csc/nooutput File.cs：编译 File.cs，但是不生成可执行文件（用来检查语法）。

csc/r：some.dll File.cs：通过引用 some.dll 编译 File.cs（适用于 File.cs 用到的名字空间在 some.dll 里面进行了定义）。

Framework 中的编译命令有 33 个，可以根据编译调试的需要选用相应命令。

（二）基于 Visual Studio.NET 集成开发环境下的调试

在安装了 Visual Studio.NET 2015 的计算机上，可以通过"开始"菜单→"程序（P）"→"Microsoft Visual Studio 2015"→"Microsoft Visual Studio 2015"进入集成开发环境。

　　在集成开发环境下编译调试程序操作起来相对直观一些。可以从文件"()"菜单→"新建 ()"→"项目 ()"，打开对话框，单击"确定"按钮便建立了一个基于 C# 控制台应用程序的项目。在"解决方案资源管理器"中打开 Program.cs 文件，并在 Main 方法中加入代码语句。选择"调试 ()"菜单 – "开始执行（不调试）()"，项目会自动保存、编译并运行，输出结果。

　　在运行程序时单击 VS.NET 中的暂停按钮，即可进入中断模式。该模式有四种方式：① 暂停：暂停应用程序的执行，进入中断模式；② 停止：完全停止应用程序的执行；③ 重启：重新启动应用程序；④ 执行：执行应用程序。

　　（1）控制应用程序的执行过程。在调试应用程序的过程中，可以充分控制应用程序的执行过程，包括以不同方式启动调试过程、中断应用程序的执行、执行程序、运行到指定位置以及终止应用程序的执行等。

　　开始调试程序时，可以通过"调试"菜单选择如何启动应用程序，主要包括以下三种方式：

　　① 开始执行：应用程序开始执行并一直执行下去，直到遇到断点或者程序结束。一般对设置了断点的应用程序才使用这种方式启动，否则程序一直处于执行过程，用户无法对其进行调试。

　　② 语句：应用程序逐条语句执行，每执行一条语句后就进入中断。当有函数调用时，执行过程会进入被调用函数的内部，并单步执行嵌套最深的函数。快捷键为 F11。

　　③ 过程：与逐语句类似，但是它不会进入被调用程序的内部，而是把函数调用当做一条语句执行。快捷键为 F10。

　　在调试过程中，可以随时使用"调试"菜单中的"停止调试"命令终止调试过程。此外，还可以在调试程序运行的过程中，通过"调试"菜单中的"全部中断"命令，随时中断程序的执行而进入中断状态。因为调试器的许多功能只有在中断状态下才能使用。处于中断状态的程序，可以随时通过"继续"命令恢复执行状态。

　　在调试应用程序时，要经常使用断点来中断程序的执行使之进入中断状态，进而使用调试器提供的强大功能来查看变量的值、寄存器和内存的使用情况及函数调用情况等应用程序状态信息。

　　（2）附加到进程。Visual Studio 2015 调试器能够附加在集成开发环境外部运行的进程上，可以使用这种功能来调试正在运行的应用程序、同时调试多个程序、调试远程机器上的程序以及在应用程序崩溃时自动启动调试器。一旦附加到进程上，就可以使用调试器提供的各种功能控制程序的运行和查看进程的状态。

　　要附加到进程，需执行以下步骤：

　　① 首先选择"调试""附加到进程"命令，打开"附加到进程"对话框。

　　② 在该对话框的"可用进程"列表框中选择想要附加的进程（如果想要附加的进程位于远程机器上，则需要通过该对话框中的"传输"和"限定符"下拉列表框设置一个远程计

算机，单击"刷新"按钮可以刷新"可用进程"列表），选择好后，单击"附加"按钮即可完成选择。

（3）断点的调试

暂停应用程序是进入中断模式的最简单方式，但这种方式不能更好地控制停止运行的位置，一般情况下最好使用断点的方法进行调试。断点是调试应用程序时经常使用的一种工具，每当调试器遇到一个断点，它都要中断程序的执行而转入中断模式。Visual Studio 2015调试器支持四种类型的断点：

① 函数断点：标识的位置是特定函数中的偏移位置。

② 文件断点：标识的位置是特定文件中的偏移地址。

③ 地址断点：标识的位置是内存地址。

④ 数据断点：标识某个变量，并且每当它所标识的变量发生变化时，就会中断程序的执行。

在使用断点前必须要在代码中插入断点，可以使用两种方式插入新的断点：使用菜单命令和使用指示器边距。最简单的方式就是，鼠标右击打算插入断点的代码行，选择"断点"→"插入断点"。此时指示器边距内会显示中断图标，表示插入了新断点。注意，使用指示器边距插入的断点是文件类型的断点，而且只能插入这种类型的断点。

当使用菜单命令方式时，首先选择"调试"→"新建断点"→"在函数处中断"命令，打开"新建断点"对话框，然后选择所需的参数类型并输入必要的内容；最后，单击"确定"按钮，关闭"新建断点"对话框，完成新断点的插入。

默认情况下，调试器遇到断点时总会中断程序的执行。但是，也可以通过设置断点的属性来改变这种默认行为，指定在满足一定的条件时才发生中断。可以通过断点管理窗口来设置。断点管理窗口可通过"调试"→"窗口"→"断点"菜单命令打开。

断点命中次数：对于位置断点（包括函数断点、文件断点和地址断点）来说，就是执行到指定位置的次数；而对于数据断点来说，则是变量的值发生改变的次数。这个属性决定了在中断执行前要发生多少次命中。默认情况下，不对命中次数计数，即每次遇到断点时都会中断程序的执行。可以为该属性指定的属性值包括：总是中断（默认值）、当命中次数等于特定值时中断、当命中次数数倍于特定值时中断以及当命中次数大于或等于特定值时中断。要设置命中次数属性，首先选中设置好的断点，在右键快捷菜单中，选择"命中次数"命令，打开"断点命中次数"对话框；然后在该对话框的"命中断点时"下拉列表框中设置命中次数。最后单击"确定"按钮，关闭该对话框。

断点条件：断点条件是一个表达式，每次到达该断点时都会计算该表达式的值，而计算的结果决定了该次到达断点是否是一次有效的命中。如果命中有效且满足命中次数属性，则调试器就会中断程序的执行。要设置条件属性，首先选中设置好的断点，在右键快捷菜单中选择"条件"命令，打开"断点条件"对话框，然后在该对话框的"条件"文本框中输入条件表达式并选择判断是否满足条件（表达式的结果为真或者结果发生变化）。最后，单击"确定"按钮，关闭"断点条件"对话框，完成断点条件的设置。

在代码编辑器内只能看到源代码中的函数断点和文件断点，在指示器边距内会显示这两种断点的图标。要想查看所有类型的断点和它们的详细信息，需要使用"断点"窗口。可以通过"调试"→"窗口"→"断点"菜单命令打开断点窗口。可以使用该窗口中的工具栏执行插入新断点、删除已有断点、查看断点属性以及指定该窗口中显示的列等操作。

可以使用"调试"菜单或右键快捷菜单中的"禁用断点"命令或按 Ctrl+F9 组合键来禁用或启用断点，即指示调试器在执行过程中是否检查对应的断点。当不再需要断点时，可以使用"调试"菜单中的"清除所有断点"命令或者按 Ctrl+Shift+F9 组合键来删除文件中的所有断点，也可以把插入光标移到一个断点所在的代码行，然后从右键快捷菜单中选择"移除断点"命令来删除特定的断点。

（4）查看程序的状态。Visual Studio 2015 调试器提供了许多工具，可以在中断模式下查看应用程序的状态。当程序处于中断模式下时，把鼠标移到当前执行范围内某个变量上时，会以工具提示的方式显示该变量的值。除此之外，还可以使用以下工具。

① 自动窗口：显示当前语句和前一条语句中的变量（所谓当前语句就是当前执行位置上的语句）。结构或数组类型的变量在该窗口中以树的形式显示。

② 局部变量窗口：显示当前上下文的局部变量。默认的上下文就是包含当前执行位置的函数，局部变量窗口中显示的就是这个函数内的局部变量。但是可以通过调试位置工具栏来改变"局部变量"窗口显示的上下文。

③ 监视窗口：可以计算变量和表达式的值，并可随着程序的执行观察它们的变化。

④ 内存窗口：可以查看内存中的数据，通常这些数据量很大，不适合在监视窗口查看。可以滚动显示内存窗口中的内容并可以同时打开四个内存窗口。另外，还可以指定内存窗口显示的起始地址。

⑤ 寄存器窗口：动态显示寄存器的内容，新改变的寄存器以红色显示。还可以在寄存器窗口中改变寄存器的值。

⑥ 调用堆栈窗口：可以使用调用堆栈窗口，查看当前堆栈中的函数调用情况。该窗口显示每个函数的名字和编写它们所采用的语言。可以直接从调用堆栈窗口跳转到函数的源代码，同时还可以查看函数的反汇编代码。

⑦ 反汇编窗口：显示了被调试程序的反汇编代码。当调试没有源代码的程序时，就只能查看它的反汇编代码。

（三）编译预处理

C# 提供了编译预处理功能，由一些指令来控制编译器处理代码，可以在生成目标代码之前，对程序做一些预处理工作。这些指令用于辅助条件编译。与 C 和 C++ 指令不同，不能使用这些指令创建宏。预处理器指令必须是某一行上的唯一指令。下面是常用的预处理器指令。

1. #define

使用 #define 可以定义一个符号，并通过将该符号用作表达式传递给 #if 指令，使该表达式的计算结果为 true。例如：

#define DEBUG

符号可用于指定编译的条件，可以使用 #if 或 #elif 来测试符号。可以定义符号，但是无法对符号赋值。#define 指令必须在 C# 程序代码之前使用。例如：

using System；

#define DEBUG

这样的写法是错误的，正确的写法是将"using System；"语句放到 #define 指令的后面。#define 指令本身并没有什么用，但和其他预处理命令结合使用，特别是 #if，功能将非常强大。也可以用 /define 编译器选项来定义符号。用 /define 或 #define 定义的符号与具有同一名称的变量不冲突，即不会将变量名传递到预处理器指令，并且只能用预处理器指令计算定义的符号。用 #define 创建的符号的范围是在其中定义该符号的文件。

2. #undef

使用 #undef 可以取消符号的定义，以便通过将该符号用作 #if 指令中的表达式，使表达式的计算结果为 false。#undef 指令必须在 C# 程序代码之前使用。

3. #if

可以使用 #if 测试一个或多个符号，以查看它们是否计算为 true。如果它们的计算结果确实为 true，则编译器将处理距离 #if 最近的 #endif 指令之间的所有代码。例如：

#define DEBUG

//…

#if DEBUG

    Console.WriteLine("Debug version")；

#endif

在 #if 预处理指令中可以使用运算符 ==（相等）、！=（不相等）、&&（与）及 | |（或）来计算多个符号。还可以用括号将符号和运算符分组。

4. #endif

#endif 用来结束以 #if 指令开头的条件指令块。以 #if 指令开始的条件指令，必须用 #endif 指令终止。

5. #else

可以使用 #else 创建复合条件指令。如果前面的 #if 或（可选）#elif 指令中的任何表达式都不为 true，则编译器将处理 #else 与 #endif 之间的所有代码。

6. #elif

可以使用 #elif 创建复合条件指令。如果前面的 #if 和任何 #elif（可选）指令表达式的计算结果都不是 true，则将计算 #elif 表达式。如果 #elif 表达式计算为 true，编译器将处理位于 #elif 和下一个条件指令之间的所有代码。例如：

#define CSHARP

//…

```
#if debug
    Console.Writeline("Debug build") ;
#elif CSHARP
    Console.Writeline("Visual Studio7") ;
#endif
```

在 #elif 预处理指令中可以使用运算符 ==（相等）、! =（不相等）、&&（与）及 ||（或）来计算多个符号。还可以用括号将符号和运算符分组。

#elif 等效于使用以下指令：

```
#else
#if
```

但使用 #elif 更简单，因为每个 #if 都需要一个 #endif，而 #elif 即使在没有匹配的 #endif 时，也可以使用。

7. #warning

可以使用 #warning 在特定位置生成一个警告。当编译器遇到 #warning 指令时，会显示 #warning 后面的文本，编译还会继续进行。

8. #error

可以使用 #error 在特定位置生成一个错误。当编译器遇到 #error 指令时，会显示后面的文本，并终止编译退出。#error 指令和 #warning 指令可以用于检查 #define 是否定义了什么不正确的符号。例如：

```
#define DEBUG
class MainClass
{
    Static void Main()
     {
        #if DEBUG
        #waming DEBUG is defined
        #error DEBUG is defined
        #endif
     }
 }
```

这样，在编译时将在警告窗口输出 "DEBUG is defined"，在错误窗口输出 "DEBUG isdefined"。

9. #region、#endregion

#region、#endregion 用于标志代码块。例如：

```
#region OutValue order
```

```
Public static void OutValue()
{
    int value=10 ;
    Console.WriteLine("Value equals : {0}", value) ;
}
#endregion
```

这两个指令不会影响编译，而是在一些编辑器，如 Visual Studio.NET，可以将其中的代码折叠和展开，便于浏览和编辑。

10.#line

用于改变编译器在警告或错误信息中显示的文件名和行号信息。当发生警告或错误时，不再显示源程序中的实际位置，而是 #line 指定的行数。例如：

#line 100   // 指定行号为 100

#line 200   //test.cs 替换原来的文件名作为编译输出文件名

还有一些其他的编译预处理指令，如 #pragma、#pragma warning、#pragma checksum，在使用时请参考 MSDN 或相关资料。

下面是一个编译预处理指令的例子：

```
#define DEBUG
#define CHECK
#if DEBUG&&CHECK
    #waming This is a debug and check version
#endif
using System ;
public class MyAppClass
{
    Public static void Main()
    {
        #if RELEASE
            Console.WriteLine("发布版本") ;
        #elif DEBUG
        Console.WriteLine("调试版本") ;
        #endif
    }
}
```

程序编译时在警告窗口中输出 "This is a debug and check version"，运行结果是在控制台窗口输出 "调试版本"。

第二章　C# 与 .NET 的平台框架

C# 和 .NET 平台是 2002 年正式发布的，主要是为了提供一种比 COM 更强大、更灵活、更简洁的编程模式。.NET Framework 用于在 Windows、Mac OSX、Unix、Linux 等操作系统中创建系统，本章主要研究 C# 和 .NET Framework 的核心功能。

第一节　.NET 平台框架概述

C# 是 Microsoft.NET 框架重点推出的开发语言，它具备 C++ 语言的安全性和 VB 语言的快捷性特点。想要了解 C# 语言，必须了解基本的 .NET 知识，下面介绍 .NET 平台的框架。

一、.NET 平台

2000 年 6 月，微软发布了 .NET，期望能够做到"让任何人从任何地方，在任何时间使用任何设备访问 Internet 上的服务。这是一种在软件开发、工程和应用方面广泛地支持 Internet 和 Web 的全新版本。为了更好地理解 .NET 平台，下面从 Internet 的发展开始介绍。

所谓第一代 Internet，是以静态的页面呈现的，将数据或者文件编写成 HTML 页面并放置在 Internet 上共享。用户接口逻辑、业务逻辑与数据都存放在服务器上。应用系统在浏览器和 Web 服务的协助下运行。用户从客户端发出请求，服务器处理用户请求，产生静态 HTML 页面，然后在客户端显示结果。

第一代的 Internet 将应用程序的数据单独存放在后台数据库中，达到了真正的多人数据共享。但是这种结构仍有其固有的缺陷：首先是用户接口逻辑和业务逻辑都集中在一起，这使得业务逻辑与接口绑定，一旦业务逻辑变更，将不得不重新编译整个接口程序；其次，这种结构能够支持的客户端人数有限，一旦客户端人数增加执行效率就会下降。

第二代 Internet 属于 Microsoft DNA（Distributed Internet Architecture）三层式的应用程序结构。应用程序包括三层：表现层、业务逻辑层和数据层。在表现层，浏览器支持动态的网页和用户接口处理，如身份验证等操作均可以直接在浏览器上处理。业务逻辑层负责针对具体问题的操作，也可以说是对数据层的操作，对数据业务进行逻辑处理。系统主要功能和业务逻辑都在业务逻辑层进行处理。数据层则负责提供全局的数据存取模型，以存取各种类型的数据。

第二代的 Internet 克服了第一代 Internet 的弊端，似乎达到了理想的阶段，但是随着用户需求的改变，用户已经不再满足于只使用 PC 上的软件和只使用 PC 上网。人们希望的是一个更加方便、快捷的网络服务。面对这样的趋势，微软提出了其全新构架——Microsoft.NET。

2000 年 6 月，微软推出了 Microsoft.NET 平台。时任微软首席执行官的鲍尔默这样描述了 Microsoft.NET，他说："Microsoft.NET 代表了一个集合、一个环境、一个可以作为平台支持下一代 Internet 的可编程结构。"

微软的构想是：不再关注单个网站、单个设备与 Internet 相连的互联网环境，而是要构建让所有的计算机群、相关设备和服务商协同工作的网络计算环境。简而言之，互联网提供的服务，要能够完成更高程度的自动化处理。未来的互联网，应该以一个整体服务的形式展现在最终用户面前。用户只需要知道自己想要什么，而不需要通过一步步地在网上搜索、操作来达到自己的目的。

Microsoft.NET 谋求的是一种理想的互联网环境。而要搭建这样一种互联网环境，首先需要解决的问题是，针对现有 Internet 的缺陷，来设计和创造下一代 Internet 结构。这种结构不是物理网络层次上的拓扑结构，而是面向软件和应用层次的、一种有别于浏览器只能静态浏览的可编程 Internet 软件结构。因此 Microsoft.NET 把自己定位为：作为平台支持下一代 Internet 的可编程结构。

二、.NET 框架

.NET 框架是微软为开发应用程序创建的一个富有革命性的新的计算平台。它包含了操作系统上软件开发的所有层，提供了任何平台上所曾见过的组件技术、呈现技术和数据技术的最丰富的集成级别，整个体系结构已经被创建为易于在高分布式 Internet 环境中的应用程序开发系统。.NET 框架的体系结构包括五大部分：程序设计语言及公共语言规范（CLS）；应用程序平台（ASP.NET 及 Windows 应用程序等）；ADO.NET 及类库；公共语言运行时（CLR）；程序开发环境（Visual Studio.NET）。.NET 框架具有一致的编程模式、轻便的部署管理、广泛的平台支持、无缝的语言集成、简便的代码重用等特点。

在 .NET 框架下有以下三个核心内容：公共语言规范（CLS）、类库（FCL）和公共语言运行时（CLR）。

公共语言规范（Common Language Specification，CLS）实际上是一种语言规范，规定了所有 .NET 下的语言都应遵循的规则，生成可与其他语言互操作的应用程序。.NET 框架与具体语言无关，理论上可以支持任何编程语言。现在可以在 .NET 框架下编程的语言有二十几种，包括 Visual Studio.NET 自带的四种微软常规语言，还包括世界常用语言排名前十的 Python、Perl 及传统语言 Pascal、ADL Smalltalk 等。

类库（Framework Class Library，FCL）是一组 DLL 程序集，是一个由 Windows 软件开发工具包（SDK）中提供的包含几千个类、接口和值类型组成的库。该库提供对系统功能的访问，是建立 .NET Framework 应用程序、组件和控件的基础。

公共语言运行时（Common Language Runtime，CLR）提供即时编译器 JIT（Just In Time）、内存管理、异常管理和调试等方面的服务。在某台计算机上首次运行时 JIT 将 MSIL 代码编译成机器代码，这就是"运行时"的意思。通常将在 CLR 的控制下运行的代码称为托管代码（Managed Code）。

所有语言源程序都经此编译成中间语言 MSIL 代码，MSIL 代码是独立于机器、操作系统和 CPU 的。CLR 是与 Java 的虚拟机（JVM）相对应的。1998 年，由于微软对于 Sun 的 Java 语言扩充导致与 Java 虚拟机不兼容被 Sun 告上法庭，微软在后续的 Visual Studio. NET 中不再包括面向 Java 虚拟机的开发环境。Java 程序的运行环境为 JRE（Java Runtime Environment），它包括 JVM，但 JRE 只限于在 Java 这一种语言中使用。C# 语言也需要一个运行环境 CLR，但是 CLR 提供了对支持 .NET 框架的所有语言的支持。

三、.NET 框架下的程序编译

一般而言，一个 C++ 编写的程序，都是一次编译成二进制的代码，在相应的操作系统平台上直接执行即可。而 .NET 程序采用两次编译的方式。在 .NET 框架中，用 C#、VB.NET 等语言写成的程序，并不直接产生 CPU 可执行的代码。而是先被编译成 MSIL 代码，通过 CLR 在运行的时候载入内存，由 JIT 编译成本地二进制可执行程序（图 2-1）。

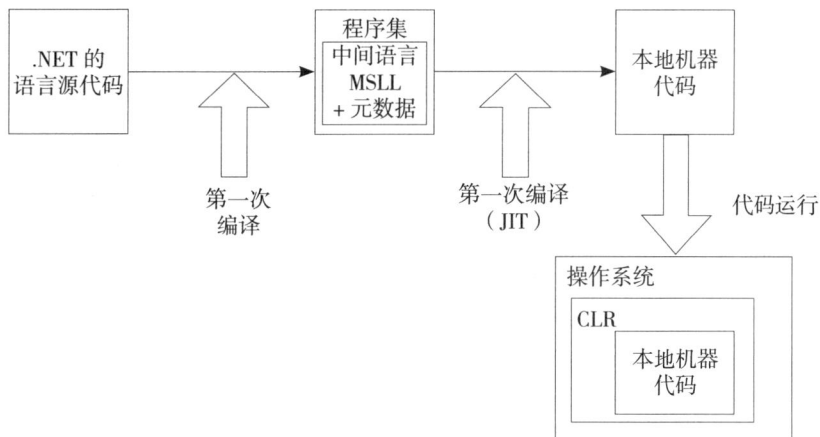

图 2-1 .NET 框架下的程序编译过程

第一次编译，C#、VB 等任何一种与 CLS 兼容的语言源程序，首先被编译成中间语言 MSIL（Microsoft Intermediate language）的伪代码。IL 代码与资源一起作为一种称为程序集的可执行文件存储在磁盘上，通常具有的扩展名为 .exe 或 .dll（库）。

第二次编译，应用程序首次被运行的时候，JIT 将 MSIL 代码编译成本地机器代码用于执行。所以 .NET 开发的程序更适于安装到不同的机器上运行。

因此，设置中间语言的目的是为了跨平台的需要。源程序经过编译转换为中间语言。各类平台只要装上相应的转换引擎，就可以将其转换为本地 CPU 需要的机器代码。中间语言类似于汇编语言，与二进制代码非常接近，因此实时解释的速度也很快。

四、C# 与 .NET 的关系

C# 是 Microsoft 公司在 C++ 和 Java 两种编程语言的基础上，针对 Microsoft. NET 框架开发的一种语言。C# 语言是一种简单、现代、优雅、面向对象、类型安全、平台独立的新型组建编程语言，其语法风格源于 C/C++ 家族，融合了 Visual Basic 的高效和 C/C++ 的强大，是 Microsoft 为奠定互联网霸主地位而打造的 Microsoft. NET 平台的主流语言。C# 一经推出，便以其强大的操作能力、优雅的语法风格、创新的语言特性、便捷的面向组件编程的支持，而深受世界各地程序员的好评和喜爱。

Microsoft 对 C# 的描述如下：

1.C# 是一种简单、现代化、面向对象并且类型安全的程序设计语言，它从 C、C++ 衍生而来。

2.C# 紧密地植根于 C 和 C++ 的基础之上，因此 C 和 C++ 程序员可以很快熟悉它。

3.C# 的设计意图是要将 Visual Basic 的高生产率和 C++ 直接访问机器的强大能力结合起来。

第二节 .NET Framework 构建 C# 应用程序

人们利用 C# 构建 .NET 应用程序有许多工具可以选择。下面介绍 .NET 开发工具，首先探讨如何使用 C# 命令行编译器 csc.exe、微软 Windows 操作系统上最简单的文本编辑器——记事本（Notepad) 应用程序以及可以免费下载的 Notepad++。

一、NET Framework SDK 的作用

有关 .NET 开发常见的一个误解就是，程序员必须购买 Visual Studio 才能构建 C# 应用程序。事实上，使用可免费下载的 .NET Framework 4.5 Software Development Kit (SDK) 就可以构建任何形式的 .NET 程序。

SDK 提供了很多托管的编译器、命令行工具、示例代码、.NET 类库以及完整的文档系统。如果使用 Visual Studio 或 Visual C# Express，就没有必要手动安装 .NET Framework 4.5 SDK。当我们安装其中任一产品的时候，都会自动安装 SDK，所有的东西都是现成的。然而，如果你不准备使用微软 IDE 来学习本书的话，请务必在继续之前安装 SDK。

如果安装 .NET Framework SDK、Visual Studio 或 Visual C# Express，最后会在本地硬盘上多出很多新的目录，每一个目录都包含各种 .NET 开发工具。其中很多工具都需要从命令提示符打开，因此，如果希望在任何 Windows 命令窗口中使用这些工具，就需要为操作系统注册路径。

使用特定的命令提示符的好处在于，它已经预配置了每一个 .NET 开发工具。如果已经安装了 .NET 开发环境，只需输入如下命令然后按 Enter 键。

如果一切正常的话，应该可以看到 C# 命令行编译器（CSC 代表 C-sharp compiler) 的命令行参数列表。如你所见，该命令行编译器有不少选项；但实际上在命令行提示符中编写 C# 程序只需要其中几个设置。

二、用 csc.exe 构建 C# 应用程序

尽管你可能从来不用 C# 命令行编译器来生成大型的应用程序，但理解如何亲手编译自己的代码文件的基本知识还是很重要的。

1. 最显而易见的原因是一个简单的事实：用户可能没有 Visual Studio 或者另一个图形化 IDE。

2. 用户想要使用自动的构建工具，如 msbuild.exe，这就需要用户了解正使用的工具的命令行选项。

3. 用户想要加深对 C# 的理解。使用图形化 IDE 来构建应用程序时，最终是在指导 csc.exe 如何操纵 C# 导入文件。这样用户就可以明了在后台到底发生了什么。

使用原始 csc.exe 的另一个好处是，用户将更熟悉对 .NET Framework SDK 所包含的其他命令行工具的操作。事实上，一些重要的工具只能够通过命令行方式访问（如 gacutil.exe、ngen.exe、ilasm.exe 和 aspnet_regiis.exe)。

为了说明在不使用 IDE 的情况下如何构建 .NET 应用程序，我们使用 C# 命令行编译器和记事本生成名为 TestApp.exe 的一个简单的可执行程序集。首先，需要一些源代码。打开记事本并键入以下内容：

```
// 一个简单的 C# 应用程序
using System;
class TestApp
{
    static void Main()
    {
        Console.WriteLine(" 测试！ ") ;
    }
}
```

完成后把文件以 TestApp.cs 的名字保存在一个方便的地方（如 C:\CscExample）。现在，

我们来了解 C# 编译器的核心选项。根据惯例，所有 C# 代码的文件扩展名都是 *.cs。文件的名字不需要有任何指向类型名定义的映射。

1. 指定输入输出目标。首先要明白如何指定要创建的程序集的名字和类型（例如，控制台应用程序命名为 MyShell.exe、代码库命名为 MathLib.dll、WPF 应用程序命名为 Halo8.exe）。可以通过将对应的具体标志作为命令行参数，传入 csc.exe 来选择各种选项（表 2-1）。

表 2-1　C# 编译器的输出选项

选 项	作 用
/out	本选项用于指定将被构建的程序集的名字。默认条件下，程序集的名字与最初输入的 *.cs 文件名字相同
/target:exe	本选项构建一个可执行的控制台应用程序。这是默认的程序集输出类型，并且在创建该应用程序类型时可被忽略
/target:library	本选项构建一个文件 *.dll 程序集
/target:winexe	尽管使用 /target: exe 选项也能创建基于 GUI 的应用程序，但本选项创建的程序运行时，不会有控制窗口出现在桌面背景上

发送到命令行编译器（以及其他大多数命令行工具）的选项可以以短横线（－）或斜线（/）为前缀。

为了把 TestApp.cs 编译成名为 TestApp.exe 的控制台应用程序，使用 cd (changedirectory) 命令转到包含源代码文件的目录

cd C:\CscExample

并键入以下命令（注意命令行标志必须位于导入的文件名字前面，不能在后面）：

csc /target:exe TestApp.cs

这里没有明确指定 /out 标志，因而如果 TestApp 是传入文件的名字，可执行文件将被命名为 TestApp.exe。还要清楚的是，大多数 C# 编译器标志支持缩写版本，如可以用 /t 代替 /target（读者可以在命令提示符下键入 csc –? 来查看所有的缩写）：

csc /t:exe TestApp.cs

而且，因为 /t:exe 标志是 C# 编译器的默认输出，也可以只键入下面的命令来编译 TestApp.cs：

csc TestApp.cs

现在 TestApp.exe 可以从命令行运行。

2. 引用外部程序集。接下来，看一下如何编译一个应用程序，如果它采用了在另一个 .NET 程序集里定义的类型。如果要修改 TestApp 应用程序，显示一个 Windows 窗体消息框。打开 TestApp.cs 文件并做如下修改：

```
using System;
// 一定要加上这一行
using System.Windows.Forms;
class TestApp
{
    static void Main()
    {
        Console.WriteLine(" 测试！ ");
        // 一定要加上这一行
        MessageBox.Show("Hello…");
    }
}
```

对 System.Windows.Forms 命名空间的引用，是通过 C# using 关键字实现的。回忆一下，如果显式地列出在一个给定的 *.cs 文件里所用到的命名空间，就可以避免采用完全限定名。

在命令行中，必须通知 csc.exe 哪个程序集包含了"正在使用的"命名空间。假定你已经使用了 System. Windows .Forms. MessageBox 类，就必须使用 /reference（可以缩写为 /r）来指定 System.Windows. Forms.dll 程序集：

```
csc /r:System.Windows.Forms.dll TestApp.cs
```

3. 引用多个外部程序集。如果需要 csc.exe 引用大量的外部程序集，仅需使用一个用分号分隔的列表，列出各个程序集。对上面这个例子不需要指定多个外部程序集，但我们还是给出一个示例用法：

```
csc /r:System.Windows.Forms.dll;System.Drawing.dll *.cs
```

即使没有使用 /r 标志进行指定，C# 编译器也将自动引用一些 .NET 核心程序集（如 System.Windows.Forms.dll）。

4. 编译多个源文件。TestApp.exe 应用程序的当前版本是用单个 *.cs 源代码文件创建的。在单个 *.cs 文件里定义所有 .NET 类型是完全允许的，然而大多数项目是由多个 *.cs 文件组成的，以使代码库更灵活。假设你又编写了一个类，包含在名为 HelloMsg.cs 的新文件里：

```
// HelloMessage 类
using System;
using System.Windows.Forms;
class HelloMessage
{
    public void Speak()
    {
        MessageBox.Show("Hello...");
```

```
        }
    }
```

现在，修改初始的 TestApp 类以使用这种新的类类型，注释 Windows 窗体代码：

```
using System;
// 不再需要这一行了
// using System.Windows.Forms;
class TestApp
{
    static void Main()
    {
        Console.WriteLine(" 测试！ ") ;
        // 也不再需要这一行了
        // MessageBox.Show("Hello…");
        // 使用 HelloMessage 类
        HelloMessage h = new HelloMessage();
        h.Speak();
    }
}
```

可以通过显式地列出各个导入文件来编译 C# 文件：

csc /r:System.Windows.Forms.dll TestApp.cs HelloMsg.es

另外，C# 编译器还允许使用通配符（＊）通知 csc.exe，将所有位于项目目录里的 *.cs 文件作为当前构建的一部分。

csc /r:System.Windows.Forms.dll *.cs

当再次运行程序时，输出与前面的代码完全相同。两个应用程序的唯一差别在于，当前代码分到了多个文件中。

5. 使用 C# 响应文件。如果要在命令提示符下构建一个复杂的 c# 应用程序，那么将不得不指定大量的输入选项，以通知编译器如何处理源代码。为了减轻录入负担，C# 编译器采用了响应文件（response file）。

C# 响应文件包含了在当前程序的编译期间要用到的所有指令。通常约定，这些文件的扩展名为 *.rsp。假定已经创建了一个包含有以下选项的名为 TestApp.rsp 的响应文件（可以看到，注释用 # 符标识）：

这是第 2 章里的 TestApp.exe 示例的响应文件

外部程序集引用

/r:System.Windows.Forms.dll

用于编译的输出和文件（采用通配符语法）

/target:exe /out:TestApp.exe *.cs

现在，假定该文件与将被编译的 C# 源代码文件保存在相同的目录里，这样就能按照以下步骤构建完整的应用程序了（注意使用 @ 符号）：

　csc @TestApp.rsp

如果需要，也可以指定多个 *.rsp 文件作为输入（例如，csc @FirstFile.rsp @SecondFile.rsp @ThirdFile.rsp）。如果采用这种方式，要记住编译器会根据所遇到的命令选项做相应的处理。因而，后面 *.rsp 文件中的命令行参数可以覆盖前一个响应文件的选项。

还要注意，在响应文件前的命令行中，被显式列出来的标志将被指定的 *.rsp 文件覆盖，因此，如果键入：

csc /outiMyCoolApp.exe @TestApp.rsp

假定有在 TestApp.rsp 响应文件里列出的 /out: TestApp.exe 标志，程序集的名字将仍然是 TestApp.exe，而非 MyCoolApp.exe。但是，如果在响应文件后列出了标志，标志将覆盖响应文件里的设置。

说明：/reference 标志具有累加性。不管在何处指定了外部程序集（之前、之后或是在响应文件内），最终的结果都是各个引用程序集的累加之和。

默认的响应文件（csc.rsp）

关于响应文件，最后要说明一点，C# 编译器有一个与之关联的默认响应文件（csc.rsp)，该默认响应文件与 csc.exe 同处在一个目录里（默认为 C:\Windows\Microsoft.NET\Framework\<version>，其中 <version> 是给定平台的版本号）。如果用记事本打开这个文件，将发现无数的 .NET 程序集已经使用 /r: 标志被指定，包括 Web 开发用到的各种库、LINQ、数据访问和其他的核心库（除了 mscorlib.dll 以外）。

当用 csc.exe 构建 C# 程序时，即使你提供了一个自定义的 *.rsp 文件，该响应文件也将自动被引用。假定有默认的响应文件存在，当前的 TestApp.exe 应用程序可以用以下命令集成功地进行编译（System. Windows .Forms .dll 在 csc.rsp 内被引用）：

csc /out:TestApp.exe *.cs

如果希望取消自动读取 csc.rsp，可以指定 /noconfig 选项：

csc @TestApp.rsp /noconfig

如果引用了从未用过的程序集（通过 /r 选项），它们将会被编译器忽略。因此，不用担心 "代码膨胀"。C# 命令行编译器还有很多其他选项，用于控制如何产生结果 .NET 程序集。

三、使用 Notepad++ 构建 .NET 用程序

Notepad++ 工具可以从 http://notepad–plus. sourceforge.net 获得，Notepad++ 与 Windows Notepad 程序不同，Notepad++ 允许编写各种语言的代码以及安装各种插件。此外，Notepad++ 还提供了很多其他好东西，例如：

1. 对 C# 关键字（包括关键字颜色编码）的原生支持。

2. 支持语法折叠，即允许折叠和展开编辑器中的一组代码行（和 Visual Studio/C# Express 相似）。

3. 能通过 Ctrl 键和鼠标滚轮放大 / 缩小文本。

4. 对各种 C# 关键字以及 .NET 命名空间进行可配置自动完成。

关于最后一点，按 Ctrl+ 空格组合键，会激活 C# 的自动完成支持。

四、使用 SharpDevelop 构建 .NET 应用程序

使用 Notepad++ 编写 C# 代码相对于 Notepad 来说是一个进步。然而，这些工具没有为 C# 代码、构建图形用户界面的设计人员、项目模板或数据库操作工具，提供丰富的智能感知能力。为了满足这个需求，下面将介绍下一个 .NET 开发的选项：SharpDevelop（也叫 #Develop）。

SharpDevelop 是一种功能丰富的开源 IDE，通过它可以用 C#、VB、IronRuby、IronPython、C++、F# 和类似 Python 的 .NET 语言 Boo 来构建 .NET 程序集。这种 IDE 是完全免费的，并且是完全用 C# 编写的。实际上，你可以下载并手动编译 *.cs 文件，或运行 setup.exe 程序，从而在开发计算机上安装 SharpDevelop。以上两种方式在网址 http://www.sharpdevelop.com 处都可以找到相应的下载文件。SharpDevelop 提供了许多提高工作效率的手段。下面是其主要的优点：

1. 支持多种 .NET 语言、.NET 版本和项目类型。

2. 具有智能感知、代码自动完成和插入代码段的能力。

3. 具有 Add Reference 对话框，用于引用外部程序集，包括部署到全局程序集缓存的程序集。

4. 针对桌面和 Web 应用集成的 GUI 设计器。

5. 具有一个集成的对象浏览和代码定义的工具。

6. 具有可视的数据库设计器工具。

7. 具有使 C# 与 VB 代码相互转换的工具。

构建简单的测试项目。安装 SharpDevelop 之后，通过 File → New → Solution 菜单选项就可以选择待生成的项目类型和 .NET 语言的类型。例如，假定新建一个 C#Windows 应用程序 MySDWinApp。

和 Visual Studio 一样，这里有一个 Windows Forms GUI 设计器工具箱（用来把控件拖放到设计器上）和一个 Properties 窗口，用来设置每个 UI 项的外观。单击表单设计器底部的 Source 按钮，将会发现期望的智能感知、代码完成以及集成的帮助功能。SharpDevelop 的设计在很多功能上酷似微软的 .NET IDE。

MonoDevelop 是基于 Sharp Develop 代码的开源 IDE。MonoDevelop 是 .NET 程序员使用 Mono 平台创建 Mac OS X 或 Linux 操作系统应用程序的首选 IDE。要了解该 IDE 的更多情况，请访问 http:// monodevelop.com/。

第三章　C# 编程语言

C# 编程与 C、C++、Java 有着相似的编程基础知识，C# 同样有标准化的编程规范，用户必须要在规范化的语句下编写程序，才能在平台上运行。本章首先介绍一下 C# 编程的基本语法，因为用户需要一个环境来学习使用 C# 语言中的变量和表达式。接着介绍 C# 程序设计语句，如分支跳转语句、循环控制语句等。最后介绍 C# 语言中的数组、函数、集合。

第一节　C# 基本语法概述

C# 语句由固定的语法构成，语句中包含变量、常量、表达式、运算符等，利用这些元素构成程序。

一、C# 的基本语法

C# 代码的外观和操作方式与 C++ 和 Java 非常类似。初看起来，其语法可能比较混乱，不像某些语言那样与书面英语十分接近。但实际上，在 C# 编程中，使用这种风格是很合理的，而且不用花太多力气就可以编写出便于阅读的代码。

与其他语言的编译器不同，C# 编译器不考虑代码中的空格、回车符或制表符（这些字符统称为空白字符）。这样，格式化代码时就有很大的自由度，但遵循某些规则将有助于提高代码的可读性。

C# 代码由一系列语句组成，每条语句都用一个分号结束。因为空白被忽略，所以一行可以有多条语句，但从可读性的角度看，通常在分号的后面加上回车符，不在一行中放置多条语句。但一条语句放在多行是可以的（也比较常见）。

C# 是一种块结构的语言，所有语句都是代码块的一部分。这些块用大括号（"{"和"}"）来界定，代码块可以包含任意多行语句，或者根本不包含语句。注意大括号字符不需要附带分号。

例如，简单的 C# 代码块如下所示：

```
{
    <code line 1, statement 1>;
    <code line 2, statement 2>
    <code line 3, statement 2>;
}
```

在这段代码中，第 2、第 3 行代码是同一条语句的一部分，因为在第 2 行的末尾没有分号。缩进第 3 行代码，就更容易确定这是第二行代码的继续。

下面的简单示例还使用了缩进格式，提高了代码的可读性。这是标准做法，实际上，在默认情况下 VS 会自动缩进代码。一般情况下，每个代码块都有自己的缩进级别，即它向右缩进了多少。代码块可以互相嵌套 (即块中可以包含其他块)，而被嵌套的块要缩进得多一些。

```
{
    <code line 1>;
    {
        <code line 2>
            <code line 3>;
    }
    <code line 4>;
}
```

前面代码行的续行通常也要缩进，如上面第一个示例中的第 3 行代码所示。

注意：在能通过 Tools | Options 访问的 VS Options 对话框中，显示了 VS 用于格式代码的规则。在 TextEditor|C#|Formatting 节点的子类别下，包含了其中很多规则。此处的大多数设置都反映了还没有讲述的 C# 部分，但如果以后要修改设置，以便更适合自己的个性化样式，就可以回过头来看看这些设置。

当然，这种样式并不是强制的。但如果不使用它，读者在阅读本书时，会很快陷入迷茫之中。在 C# 代码中，另一种常见的语句是注释。注释并非严格意义上的 C# 代码，但代码最好有注释。注释的作用不言自明：给代码添加描述性文本，编译器会忽略这些内容。在开始处理冗长的代码段时，注释可用于为正在进行的工作添加提示。例如，"这行代码要求用户输入一个数字"或"这段代码由小徐编写"。

C# 添加注释的方式有两种。可以在注释的开头和结尾放置标记，也可以使用一个标记，其含义是"这行代码的其余部分是注释"。在 C# 编译器忽略回车符的规则中，后者是一个例外，但这是一种特殊情况。

要使用第一种方式标记注释，可在注释开头加上 /* 字符，在末尾加上 */ 字符。这些注释符号可以在单独一行上，也可以在不同的行上，注释符号之间的所有内容都是注释。注释中唯一不能输入的是 */，因为它会被看成注释结束标记。所以下面的语句是正确的：

/* This is a comment */

/* And so...

　　　　　...is this! */

但以下语句会产生错误：

/* Comments often end with "*/" characters */

注释结束符号后的内容（"*/"后面的字符）会被当做 C# 代码，因此产生错误。

另一种添加注释的方式是用 // 开始一个注释，在其后可以编写任何内容，只要这些内容在一行上即可。下面的语句是正确的：

//This is a different sort of comment.

但下面的语句会失败，因为第二行代码会被解释为 C# 代码：

// So is this,

　　but this bit isn't.

这类注释可用于语句的说明，因为它们都放在一行上：

<A statement>；　　// Explanation of statement

有两种给 C# 代码添加注释的方式。但在 C# 中，还有第三类注释。严格地说，这是 // 语法的扩展。它们都是单行注释，用三个 / 符号来开头，而不是两个，如下：

/// A special comment

正常情况下，编译器会忽略它们，就像其他注释一样，但可以通过配置 VS，在编译项目时，提取这些注释后面的文本，创建一个特殊格式的文本文件，该文件可用于创建文档。为了创建文档，注释必须遵循 XML 文档的规则。

特别要注意的一点是，C# 代码是区分大小写的。与其他语言不同，必须使用正确的大小写形式输入代码，因为简单地用大写字母代替小写字母，会中断项目的编译。看看下面这行代码：

Console.WriteLine("The first app in Beginning C# Programming!");

C# 编译器能理解这行代码，因为 Console.WriteLine() 命令的大小写形式是正确的。但是，下面的语句都不能工作：

console .WriteLine ("The first app in Beginning C# Programming!");

CONSOLE.WRITELINE("The first app in Beginning C# Programming!");

Console.Writeline("The first app in Beginning C# Programming!");

这里使用的大小写形式是错误的，所以 C# 编译器不知道我们要做什么。幸好，VS 在代码的键入方面提供了许多帮助，在大多数情况下，它都知道我们要做什么。在键入代码的过程中，推荐用户可能要使用的命令，并尽可能纠正大小写问题。

下面介绍控制台应用程序（ConsoleApplication1），并研究一下它的结构，其代码如下所示：

using System;

using System.Collections.Generic; using System.Linq;

```
using System.Text;
using System.Threading.Tasks; namespace ConsoleApplication1 {
    class Program
    {
        static void Main(string[] args)
        {
            // 输出到屏幕
            Console.WriteLine("The first app in Beginning C# Programming!");
            Console.ReadKey();
        }
    }
}
```

立即就可以看出，上一节讨论的所有语法元素这里都有。其中有分号、大括号、注释和适当的缩进。

目前看来，这段代码中最重要的部分如下所示：

```
static void Main(string[] args)
{
    // 输出到屏幕
    Console.WriteLine("The first app in Beginning C# Programming!");
    Console.ReadKey();
}
```

当运行控制台应用程序时，就会执行这段代码。更确切地讲，是运行大括号中的代码块。注释行不做任何事情，包含它们只是为了保持代码的清晰。其他两行代码在控制台窗口中输出一些文本，并等待一个响应。但目前我们还不需要关心它的具体机制。

这里要注意一下如何实现代码大纲功能，因为它是一个非常有用的特性。要实现该功能，需要使用 #region 和 #endregion 关键字来定义可以展开和折叠的代码区域的开头和结尾。例如，可以修改针对 ConsoleApplication1 生成的代码，如下所示：

```
#region Using directives
using System;
using System.Collections.Generic; using System.Linq;
using System.Text;
using System.Threading.Tasks;
#endregion
```

这样就可以把这些代码行折叠为一行，以后要查看其细节时，可以再次展开它。这里包含的 using 语句和其下的 namespace 语句将在本章后面予以解释。

以 # 开头的任意关键字实际上是一个预处理指令，严格地说并不是 C# 关键字。除了这里的 #region 和 #endregion 关键字外，其他关键字都相当复杂，也都有专门的用途。所以在阅读完本书后，读者可以再去研究这个主题。

现在不必考虑示例中的其他代码，至于应用程序进行 Console.WriteLine() 调用的具体方式，则不在我们的考虑之列，以后会阐述这行代码的重要性。

二、变量

变量关系到数据的存储。实际上，可以把计算机内存中的变量看成架子上的盒子。在这些盒子中，可以放入一些东西，再把它们取出来，或者只是看看盒子里是否有东西。变量也是这样，数据可以放在变量中，也可以从变量中取出数据或查看它们。

尽管计算机中的所有数据事实上都是相同的东西 (一组 0 和 1)，但变量有不同的内涵，称为类型。下面再用盒子来类比，盒子有不同的形状和尺寸，某些东西只适合放在特定的盒子中。建立这个类型系统的原因是，不同类型的数据需要用不同的方法来处理。将变量限定为不同的类型可以避免混淆。例如，组成数字图片的 0 和 1 序列与组成声音文件的 0 和 1 序列，其处理方式是不同的。

要使用变量，需要声明它们，即给变量指定名称和类型。声明变量后，就可以把它们用作存储单元，存储所声明的数据类型的数据。

声明变量的 C# 语法是指定类型和变量名，如下所示：

<type><name>;

如果使用未声明的变量，代码将无法编译，但此时编译器会告诉我们出现了什么问题，所以这不是一个灾难性错误。另外，使用未赋值的变量也会产生一个错误，编译器会检测出这个错误。

1. 简单类型。简单类型就是组成应用程序中基本构件的类型，如数值和布尔值（true 或 false）。与复杂类型不同，简单类型没有子类型或特性。大多数简单类型都是存储数值的。初看起来有点奇怪，使用一种类型来存储数值不可以吗？

有很多数值类型是因为在计算机内存中，把数字作为一系列的 0 和 1 来存储。对于整数值，用一定的位（单个数字，可以是 0 或 1）来存储，用二进制格式来表示。以 N 位来存储的变量可以表示介于 0 到（2^N-1）之间的数。大于这个值的数因为太大，所以无法存储在这个变量中。

例如，有一个变量存储了两位，在整数和表示该整数的位之间的映射应如下所示：

0= 00

1= 01

2= 10

3= 11

如果要存储更多数字，就需要更多的位（例如，3 位可以存储 0 到 7 的数）。

这样得到的结论是，要存储每个可以想象得到的数，就需要非常多的位，这并不适合PC。即使可以用足够多的位来表示每一个数，用这么多的位存储一个表示范围很小的变量（如 0 到 10）的效率非常低下，因为存储器被浪费了。其实表示 0 到 10 之间的数，4 位就足够了，这样就可以用相同的内存空间存储这个范围内的更多数值。

相反，许多不同的整数类型可用于存储不同范围的数值，占用不同的内存空间（至多64 位），这些类型见表 3-1。

表 3-1　整数类型

类　型	别　名	允许的值
sbyte	System.SByte	介于 –128 和 127 之间的整数
byte	SysteraByte	介于 0 和 255 之间的整数
short	System.Int16	介于 –32 768 和 32 767 之间的整数
ushort	System.UInt16	介于 0 和 65 535 之间的整数
int	System. Int32	介于 –2 147 483 648 和 2 147 483 647 之间的整数
uint	System.Ulnt32	介于 0 和 4 294 967 295 之间的整数
long	System.Int64	介于 –9 223 372 036 854 775 808 和 9 223 372 036 854 775 807 之间的整数
ulong	System.UInt64	介于 0 和 18 446 744 073 709 551 615 之间的整数

这些类型中的每一种都利用了 .NET Framework 中定义的标准类型。使用标准类型可以在语言之间交互操作。在 C# 中这些类型的名称是 Framework 中定义的类型的别名，表 3–1列出了这些类型在 .NETFramework 库中的名称。

一些变量名称前面的"u"是 unsigned 的缩写，表示不能在这些类型的变量中存储负数，如表 3–1 中的"允许的值"一列。

当然，还需要存储浮点数，它们不是整数。可以使用的浮点数变量类型有 3 种：float、double 和 decimal。前两种可以用 $+/-m \times 2^e$ 的形式存储浮点数，m 和 e 的值因类型而异。decimal 使用另一种形式：$+/-m \times 10^e$。这 3 种类型、m 和 e 的值，以及它们在实数中的上下限见表 3–2。

表 3-2　浮点类型

类　型	别　名	m 的最小值	m 的最大值	e 的最小值	e 的最大值	近似的最小值	近似的最大值
float	System.Single	0	2^{24}	–149	104	1.5×10^{-45}	3.4×10^{38}

（续　表）

类　型	别　名	m 的最小值	m 的最大值	e 的最小值	e 的最大值	近似的 最小值	近似的 最大值
double	System–Double	0	2^{53}	–1075	970	5.0×10^{-324}	1.7×10^{308}
decimal	System.Decimal	0	2^{96}	–28	0	1.0×10^{-28}	7.9×10^{28}

除数值类型外，另外还有 3 种简单类型（表 3–3）。

表 3–3　文本和布尔类型

类　型	别　名	允许的值
char	System.Char	一个 Unicode 字符
bool	System. Booleacn	布尔值：true 或 false
string	System.String	一组字符

注意组成 string 的字符数量没有上限，因为它可以使用可变大小的内存。

布尔类型 bool 是 C# 中最常用的一种变量类型，类似的类型在其他语言的代码中非常丰富。当编写应用程序的逻辑流程时，一个可以是 true 或 false 的变量有非常重要的分支作用。例如，考虑一下有多少问题可以用 true 或 false(yes 或 no) 来回答。执行变量值之间的比较或检查输入的有效性，就是后面使用布尔变量的两个编程示例。

介绍了这些类型后，下面用一个简短示例来声明和使用它们。在下面的程序中，要使用一些简单的代码来声明两个变量，给它们赋值，再输出这些值。

使用简单类型的变量：

（1）在目录下创建一个新的控制台应用程序。

（2）在 Program.cs 中添加如下代码：

```
static void Main(string[] args)
{
    int myInteger;
    string myString;
    myInteger = 17;
    myString = "\"myInteger\" is";
    Console .WriteLine ($" {myString} {myInteger }");
    Console.ReadKey();
}
```

（3）运行代码显示结果：

"myInteger" is 17

上面程序段说明我们添加的代码完成了以下 3 项任务：①声明两个变量；②给这两个变量赋值；③将这两个变量的值输出到控制台。

变量声明使用下述代码：

int myInteger;

string myString;

第一行声明一个类型为 int 的变量 myInteger，第二行声明一个类型为 string 的变量 myString。

注意：变量的命名是有限制的，不能使用任意字符序列。"变量的命名"一节将介绍变量的命名规则。

接下来的两行代码为变量赋值：

myInteger= 17;

myString = "\"myInteger\" is";

使用 = 赋值运算符（在本章的"表达式"一节中将详细介绍）给变量分配两个固定的值（在代码中称为字面值）。把整数值 17 赋给 myInteger，把字符串 "myInteger\" is（包括引号）赋给 myString。

"myInteger" is

以这种方式给字符串赋予字面值时，必须用双引号把字符串引起来。因此，如果字符串本身包含双引号，就会出现错误，必须用一些表示这些字符的其他字符（即转义序列）来替代它们。本例使用序列 \" 来转义双引号：

myString = "\"myInteger\"is";

如果不使用这些转义序列，而输入如下代码：

myString = '"myInteger" is";

就会出现编译错误。

注意给字符串赋予字面值时，必须小心换行——C# 编译器会拒绝分布在多行上的字符串字面值。要添加一个换行符，可在字符串中使用换行符的转义序列，即 \n。例如，赋值语句：

myString ="This string has a\nline break.";

会在控制台视图中显示两行代码，如下所示：

This string has aline break.

所有转义序列都包含一个反斜杠符号，后跟一个字符组合。因为反斜杠符号的这种用途，它本身也有一个转义序列，即两个连续的反斜杠。

下面继续解释代码，还有一行没有说明：

Console.WriteLine ($"{myString} {myInteger}*');

这是 C# 中的一个功能，称为字符串插入，它看起来类似于把文本写到控制台的简单方法，但指定了变量。

在后面的程序示例中，就使用这种给控制台输出文本的方式显示代码的输出结果。最后一行代码在前面的示例中也出现过，用于在程序结束前等待用户输入内容：

Console.ReadKey();

这里不详细探讨这行代码，但后面的示例会常常用到它。现在只需要知道，它暂停代码的执行，等待用户按下一个键。

2. 变量的命名。不能把任意序列的字符作为变量名。但没必要为此感到担心，因为这种命名系统仍是非常灵活的。

基本的变量命名规则如下：

（1）变量名的第一个字符必须是字母、下划线、@。

（2）其后的字符可以是字母、下划线或数字。

另外，有一些关键字对于 C# 编译器而言具有特定的含义。例如，前面出现的 using 和 namespace 关键字。如果错误地使用其中一个关键字，编译器会产生一个错误，我们马上就会知道出错了，所以不必担心。

例如，下面的变量名是正确的：

myBigVar

VAR1

_test

下列变量名有误：

99BottlesOfBeer

namespace

It's-All-Over

3. 字面值。在前面的示例中，有两个字面值示例：整数（17）和字符串 ("\"myInteger\"is")。其他变量类型也有相关的字面值，见表 3-3。其中有许多涉及后缀，即在字面值的后面添加一些字符来指定想要的类型。一些字面值有多种类型，在编译时由编译器根据它们的上下文确定其类型，见表 3-4。

表 3-4　字面值

类　型	类　别	后　缀	示例 / 允许的值
bool	布尔	无	true 或 false
int、uint、long、ulong	整数	无	100
uint、ulong	整数	u 或 U	100U

（续　表）

类　型	类　别	后　缀	示例 / 允许的值
long、ulong	整数	l 或 L	100L
ulong	整数	ul、uL、UK UL、lu、1U、Lu 或 LU	100UL
float	实数	f 或 F	1.5F
double	实数	无、d 或 D	1.5
decimal	实数	m 或 M	1.5M
char	字符	无	'a' 或转义序列
string	字符串	无	"a…a" 可以包含转义序列

表 3-5 是转义序列的完整列表，以便以后引用。

表 3-5　字符串字面值的转义序列

转义序列	产生的字符	字符的 Unicode 值
\'	单引号	0x0027
\"	双引号	0x0022
\\	斜杠	0x005C
\0	null	0x0000
\a	警告（产生蜂鸣）	0x0007
\b	退格	0x0008
\f	换页	0x000C
\n	换行	0x000A
\r	回车	0x000D
\t	水平制表符	0x0009
\v	垂直制表符	0x000B

表 3-5 中的"字符的 Unicode 值"列是字符在 Unicode 字符集中的十六进制值。除了上面这些，还可以使用 Unicode 转义序列指定其他任何 Unicode 字符，该转义序列包括标准的 \ 字符，后跟一个 u 和一个 4 位十六进制值（例如，表 3-5 中 x 后面的 4 位数字）。

下面的字符串是等价的：

"Benjamin\'s string."

"Benjamln\u0027s string."

显然，Unicode 转义序列还有更多用途。

也可以一字不变地指定字符串，即两个双引号之间的所有字符都包含在字符串中，包括行末字符和原本需要转义的字符。唯一的例外是，必须指定双引号字符的转义序列，以免结束字符串。这种方法需要在字符串之前加一个 @ 字符：

@" string literal."

一字不变的字符串在文件名中非常有用，因为文件名中大量使用了反斜杠字符。如果使用一般字符串，就必须在字符串中使用两个反斜杠，例如：

"C:\\Temp\\MyDir\\MyFile.doc"

而有了一字不变的字符串字面值，这段代码就更便于阅读。下面的字符串与上面的等价：

@"C: \Temp\MyDir\MyFile. doc"

字符串是引用类型，所以，字符串也可以被赋予 null 值，表示字符串变量不引用字符串 (或其他任何东西)。

三、表达式

C# 包含许多执行处理的运算符。把变量和字面值 (在使用运算符时，它们都称为操作数) 与运算符组合起来，就可以创建表达式，它是计算的基本构件。

运算符范围广泛，有简单的，也有非常复杂的，其中一些可能只在数学应用程序中使用。简单的操作包括所有的基本数学操作。例如，+ 运算符是把两个操作数加在一起，而复杂的操作包括通过变量内容的二进制表示来处理它们。还有专门用于处理布尔值的逻辑运算符，以及赋值运算符。下面主要介绍数学和赋值运算符。运算符大致分为如下 3 类：① 一元运算符，处理一个操作数。② 二元运算符，处理两个操作数。③ 三元运算符，处理三个操作数。

大多数运算符都是二元运算符，只有几个一元运算符和一个三元运算符属于条件运算符。下面首先介绍数学运算符，它包括一元运算符和二元运算符。

1. 数学运算符。有 5 个简单的数学运算符，其中两个 (+ 和 –) 有二元和一元两种形式。表 3–6 列出了这些运算符，并用一个简短示例来说明它们的用法，以及使用简单的数值类型 (整数和浮点数) 时它们的结果。

表 3-6　名简单的数学运算符

运算符	类　别	示例表达式	结　果
+	二元	var1= var2 + var3;	var1 的值是 var2 与 var3 的和

（续 表）

运算符	类 别	示例表达式	结 果
–	二元	var1 = var2 – var3;	var1 的值是从 var2 减去 var3 所得的值
*	二元	var1 = var2 * var3;	var1 的值是 var2 与 var3 的乘积
/	二元	var1 = var2 / var3;	var1 是 var2 除以 var3 所得的值
%	二元	var1 = var2 % var3;	var1 是 var2 除以 var3 所得的余数
+	一元	var1 = +var2;	var1 的值等于 var2 的值
–	一元	var1 = –var2;	var1 的值等于 var2 的值乘以 –1

+（一元）运算符有点古怪，因为它对结果没有影响。它不会把值变成正的：如果 var2 是 –1，则 +var2 仍是 –1。

上面的程序都使用简单的数值类型，因为使用其他简单类型，结果可能不太清晰。例如，把两个布尔值加在一起，会得到什么结果？因此，如果对 bool 变量使用 +（或其他数学运算符），编译器会报错。char 变量的相加也会有点让人摸不着头脑。记住，char 变量实际上存储的是数字，所以把两个 char 变量加在一起也会得到一个数字（其类型为 int)。这是一个隐式转换示例，因为它也可以应用到 var1、var2 和 var3 是混合类型的情况。

二元运算符 + 在用于字符串类型变量时，也是有意义的。此时，它的作用如表 3–7 所示。

表 3–7　字符串连接运算符

运算符	类 别	示例表达式	结 果
+	二元	var1= var2 + var3;	var1 的值是存储在 var2 和 var3 中的两个字符串的连接值

但其他数学运算符不能用于处理字符串。

这里应介绍的另两个运算符是递增和递减运算符，它们都是一元运算符，可通过两种方式加以使用：放在操作数的前面或后面。简单表达式的结果见表 3–8。

表 3–8　简单表达式的结果

运算符	类 别	示例表达式	结 果
++	一元	var1 =++var2;	var1 的值是 var2 +1，var2 递增 1
– –	一元	var1= – –var2;	var1 的值是 var2 – 1，var2 递减 1

（续　表）

运算符	类　别	示例表达式	结　果
++	一元	var1 = var2++;	var1 的值是 var2，var2 递增 1
--	一元	var1 = var2--;	var1 的值是 var2，var2 递减 1

这些运算符改变存储在操作数中的值。

（1） ++ 总是使操作数加 1。

（2） -- 总是使操作数减 1。

var1 中存储的结果有区别，其原因是运算符的位置决定了它什么时候发挥作用。把运算符放在操作数的前面，则操作数是在进行任何其他计算前受到运算符的影响：而如果把运算符放在操作数的后面，则操作数是在完成表达式的计算后受到运算符的影响。

再看一个示例。考虑以下代码：

int var1, var2 = 5, var3 = 6;

var1 = var2++ *--var3;

要把什么值赋予 var1？在计算表达式前，var3 前面的运算符 -- 会起作用，把它的值从 6 改为 5。可以忽略 var2 后面的 ++ 运算符，因为它是在计算完成后才发挥作用，所以 var1 的结果是 5 与 5 的乘积，即 25。

许多情况下，这些简单的一元运算符使用起来非常方便，它们实际上是下述表达式的简写形式：

var1= var1+ 1;

这类表达式有许多用途，特别适于在循环中使用。下面的程序说明如何使用数学运算符，并介绍另外两个有用的概念。代码提示用户键入一个字符串和两个数字，然后显示计算结果。

用数学运算符处理变量：

（1）在目录中创建一个新的控制台应用程序。

（2）在 Program.cs 中添加如下代码：

```csharp
static void Main(string[] args)
{
        double firstNumber, secondNumber; string userName;
        Console.WriteLine("Enter your name:"); userName = Console.ReadLine();
        Console.WriteLine($"Welcome {userName}!");
        Console. WriteLine ("Now give me a number:");
        firstNumber = Convert.ToDouble(Console.ReadLine());
        Console .WriteLine ("Now give me another Number:");
```

```
        secondNumber = Convert.ToDouble(Console.ReadLine());
        Console.WriteLine($"The sum of {firstNumber}and{SecondNumber} +
            is"+{firstNumber+secondNumber}.");
        Console.WriteLine($"The result of subtracting {secondNumber} from " +
            is{firstNumber} is {firstNumber – secondNumber}.");
        Console.WriteLine($"The product of {firstNumber} and {secondNumber} " +$"is
            {firstNumber * secondNumber}. ");
        Console .WriteLine ($"The result of dividing {firstNumber} by " +
            $ " {secondNumber} is {firstNumber / secondNumber}.");
        Console.WriteLine($"The remainder after dividing {firstNumber} by "+
            $ "{secondNumber} is {firstNumber % secondNumber}.");
        Console.ReadKey();
    }
```

（3）执行程序，显示结果：

Enter your name:

（4）输入名称，按下回车键，显示结果：

Enter your name:

　　Benjamin

　　Welcome Benjamin!

　　Now give me a number:

（5）输入一个数字，按下回车键，再输入另一个数字，按下回车键，显示结果：

Enter your name:

　　Benjamin

　　Welcome Benjamin!

　　Now give me a number:

　　32.76

　　Now give me another number:

　　19.43

　　The sum of 32.76 and 19.43 is 52.19.

　　The result of subtracting 19.43 from 32.76 is 13.33.

　　The product of 32.76 and 19.43 is 636.528.

　　The result of dividing 32.76 by 19.43 is 1.68605249613999.

　　The remainder after dividing 32.76 by 19.43 is 13.33.

上面的程序说明：

除了演示数学运算符外，这段代码还引入了两个重要概念，在以后的示例中将多次用到这两个概念：用户输入、类型转换。

用户输入使用与前面 Console.WriteLine() 命令类似的语法。但这里使用 Console.ReadLine()。这个命令提示用户输入信息，并把它们存储在 string 变量中：

string userName;

Console. WriteLine ("Enter your name:"); userName = Console.ReadLine();

Console.WriteLine($"Welcome {userName}!") ;

这段代码直接将已赋值变量 userName 的内容写到屏幕上。

这个示例还读取了两个数字。这有些复杂，因为 Console.ReadLine() 命令生成一个字符串，而我们希望得到一个数字，所以这就引入了类型转换的问题。下面首先分析上面的程序使用的代码。

首先声明要存储数字输入的变量：

double firstNumber, secondNumber;

接着给出提示，对 Console.ReadLine() 得到的字符串使用命令 Convert.ToDouble()，把字符串转换为 double 类型，把这个数值赋给前面声明的变量 firstNumber：

Console.WriteLine("Now give me a number:");

firstNumber = Convert.ToDouble(Console.ReadLine());

这个语法相当简单，其他许多转换也用类似的方式进行。

其余代码按同样方式获取第二个数：

Console.WriteLine("Now give me another number:");

secondNumber = Convert.ToDouble(Console.ReadLine());

然后输出两个数字加、减’乘、除的结果，并用余数运算符 (%) 显示除操作的余数：

Console.WriteLine($"The sum of {firstNumber}and{SecondNumber} +
        is"+{firstNumber+secondNumber}.") ;

Console.WriteLine($'The result of subtracting {secondNumber} from " +
        is {firstNumber} is {firstNumber – secondNumber}.');

Console.WriteLine($"The product of {firstNumber} and {secondNumber} " +$"is
        {firstNumber * secondNumber}. ");

Console .WriteLine ($"The result of dividing {firstNumber} by " +
        $ " {secondNumber} is {firstNumber / secondNumber}.");

Console.WriteLine($"The remainder after dividing {firstNumber} by"+
        $ "{secondNumber} is {firstNumber % secondNumber}.");

注意，我们提供了表达式 firstNumber + secondNumber 等，作为 Console.WriteLine() 语句的一个参数，而没有使用中间变量：

Console.WriteLine ($"The sum of {firstNumber} and {secondNumber} is " +
        $"{firstNumber + secondNumber).") ;

这种语法可以提高代码的可读性，并减少需要编写的代码量。

2. 赋值运算符。迄今我们一直在使用简单的"="赋值运算符，其实还有其他赋值运算符，而且它们都很有用。除了"="运算符外，其他赋值运算符都以类似的方式工作。与"="一样，它们都是根据运算符和右边的操作数，把一个值赋给左边的变量。表3-9列出了这些运算符及其说明。

表3-9　赋值运算符

运算符	类　别	示例表达式	结　　果
=	二元	var1= var2;	var1 被赋予 var2 的值
+=	二元	var1+= var2;	var1 被赋予 var1 与 var2 的和
-=	二元	var1 -= var2;	var1 被赋予 var1 与 var2 的差
*=	二元	var1 *=var2;	var1 被赋予 var1 与 var2 的乘积
/=	二元	var1 /= var2;	var1 被赋予 var1 与 var2 相除所得的结果
%=	二元	var1%= var2;	var1 被赋予 var1 与 var2 相除所得的余数

可以看出，这些运算符把 var1 也包括在计算过程中，下面两句代码结果相同：

var1+= var2; var1= var1+ var2;

注意：与"+"运算符一样，"+="运算符也可以用于字符串。

使用这些运算符，特别是在使用长变量名时，可使代码更便于阅读。

3. 运算符的优先级。在计算表达式时，会按顺序处理每个运算符。但这并不意味着必须从左至右地运用这些运算符。例如，考虑下面的代码：

var1= var2 + var3;

其中 + 运算符就是在 = 运算符之前进行计算的。在其他一些情况下，运算符的优先级并没有这么明显。例如：

var1= var2 + var3 * var4;

其中"*"运算符首先计算，其后是 + 运算符，最后是 = 运算符。这是标准的数学运算顺序，其结果与我们在纸上进行算术运算的结果相同。

像这样的计算，可以使用括号控制运算符的优先级。例如：

var1= (var2 + var3) * var4;

首先计算括号中的内容，即 + 运算符在"*"运算符之前计算。

对于前面介绍的运算符，其优先级如表3-10所示，优先级相同的运算符（如 * 和 /）按照从左至右的顺序计算。

表 3-10　运算符的优先级

优先级	运算符
优先级由高到低	++、--（用作前缀）、+、-（一元）
	*、/、%
	+、-
	=、*=、%=、-=
	++、--（用作后缀）

如上所述，括号可用于重写优先级顺序。另外，++ 和 -- 用作后缀运算符时，在概念上其优先级最低，如上表所示。它们不对赋值表达式的结果产生影响，所以可以认为它们的优先级比所有其他运算符都高。但是，它们会在计算表达式后改变操作数的值，所以认为它们的优先级如表 3-9 所示。

4. 名称空间。名称空间是 .NET 中提供应用程序代码容器的方式，这样就可以唯一地标识代码及其内容。名称空间也用作 .NET Framework 中分类的一种方式。大多数项都是类型定义，如本章描述的简单类型 (System.In32 等)。

默认情况下，C# 代码包含在全局名称空间中。这意味着对于包含在这段代码中的项，全局名称空间中的其他代码只要通过名称进行引用，就可以访问它们。可使用 namespace 关键字为大括号中的代码块显式定义名称空间。如果在该名称空间代码的外部使用名称空间中的名称，就必须写出该名称空间中的限定名称。

限定名称包括它所有的分层信息。这意味着，如果一个名称空间中的代码，需要使用在另一个名称空间中定义的名称，就必须包括对该名称空间的引用。限定名称在不同的名称空间级别之间使用句点字符 (.)，如下所示：

```
namespace LevelOne
{
    // code in LevelOne namespace
    //name "NameOne" defined
}
//code in global namespace
```

这段代码定义了一个名称空间 LevelOne，以及该名称空间中的一个名称 NameOne(注意这里在应该定义名称空间的地方添加了一个注释，而没有列出实际代码，这是为了使我们的讨论更具普遍性)。在名称空间 LevelOne 中编写的代码可以直接使用 NameOne 来引用该名称，但全局名称空间中的代码必须使用限定名称 LevelOne.NameOne 来引用这个名称。

需要注意特别重要的一点 : using 语句本身不能访问另一个名称空间中的名称。除非名称空间中的代码以某种方式链接到项目上，或者代码是在该项目的源文件中定义的，或者是在链接到该项目的其他代码中定义的，否则就不能访问其中包含的名称。另外，如果包含名称空间的代码链接到项目上，那么无论是否使用 using，都可以访问其中包含的名称。using 语句能够便于我们访问这些名称，减少代码量，提高可读性。

回头分析本章开头的 ConsoleApplication1 中的代码，会看到下面这些被应用到名称空间上的代码：

```
using System;
using System.Collections.Generic;
using System.Linq;
using System.Text;
using System.Threading.Tasks;
namespace ConsoleApplication1
{
    …
}
```

以 using 关键字开头的 5 行代码声明，在这段 C# 代码中使用 System、System. Collections.Generic、System.Linq、SystemText 和 System.Threading.Tasks 名称空间。它们可以在该文件的所有名称空间中访问，不必进行限定。System 名称空间是 .NET Framework 应用程序的根名称空间，包含控制台应用程序需要的所有基本功能。其他 4 个名称空间常用于控制台应用程序，所以该程序包含它们。最后，为应用程序代码本身声明一个名称空间 ConsoleApplication 1。

5. 三元运算符。一元运算符有一个操作数，二元运算符有两个操作数，所以三元运算符有 3 个操作数。其语法如下：

```
<test>?<resultIfTrue>: <resultIfFalse>
```

其中，计算 <test> 可得到一个布尔值，运算符的结果根据这个值来确定还是 <resultIfFalse>。

使用三元运算符可以测试 int 变量 myInteger 的值：

```
string resultString= (myInteger<10) ?"Less than 10":"Greater than or equal to 10";
```

三元运算符的结果是两个字符串中的一个，这两个字符串都可能赋给 resultString。把哪个字符串赋给 resultString，取决于 myInteger 的值与 10 的比较结果。如果 myInteger 的值小于 10，就把第一个字符串赋给 resultString；如果 myInteger 的值大于或等于 10，就把第二个字符串赋给 resultString。例如，如果 myInteger 的值是 4，则 resultString 的值就是字符串"Less than 10"。

6. 布尔逻辑运算。19 世纪中叶的英国数学家乔治·布尔 (Geoige Boole) 为布尔逻辑奠定了基础。

考虑下述情形，要根据变量 myVal 是否小于 10 来确定是否执行程序。为此，需要确定语句 "myVal 小于 10" 的真假，即需要了解比较的布尔结果。"

布尔比较需要使用布尔比较运算符 (也称为关系运算符)，见表 3-11。

表 3-11　布尔比较运算符

运算符	类　别	示例表达式	结　果
==	二元	var1= var2 = = var3;	如果 var2 等于 var3，var1 的值就是 true，否则为 false
! =	二元	var1= var2 != var3;	如果 var2 不等于 var3，var1 的值就是 true，否则为 false
<	二元	var1 = var2 < var3;	如果 var2 小于 var3，var1 的值就是 true，否则为 false
>	二元	var1 = var2 > var3;	如果 var2 大于 var3，var1 的值就是 true，否则为 false
<=	二元	var1 = var2 <= var3;	如果 var2 小于等于 var3，var1 的值就是 true，否则为 false
>=	二元	var1 = var2 >= var3;	如果 var2 大于等于 var3，var1 的值就是 true，否则为 false

在表 3-11 中，var1 都是 bool 类型的变量，var2 和 var3 则可以是不同类型。在代码中，可以对数值使用这些运算符：

bool isLessThan10; isLessThan10 = myVal < 10;

如果 myVal 存储的值小于 10，这段代码就给 isLessThan10 赋予 true 值，否则赋予 false 值。也可以对其他类型使用这些比较运算符，如字符串：

bool isBenjamin;

isBenjamin = myString == "Benjamin"；

如果 myString 存储的字符串是 Benjamin，isBenjamin 的值就为 true。

也可以对布尔值使用这些运算符：bool isTrue;

isTrue = myBool == true;

但只能使用 = 和 != 运算符。

& 和 | 运算符也有两个类似的运算符，称为条件布尔运算符，见表 3-12 所示。

表 3-12　条件布尔运算符

运算符	类　别	示例表达式	结　果
&&	二元	var1= var2 &&var3;	如果 var2 和 var3 都是 true，var1 的值就是 true，否则为 false (逻辑与)
||	二元	var1 = var21| var3;	如果 var2 或 var3 是 tme(或两者都是)，var1 的值就是 true，否则为 felse (逻辑或)

这些运算符的结果与 & 和 | 完全相同，但得到结果的方式有一个重要不同：其性能比较好。两者都是检查第一个操作数的值 (表 3-12 中的 var2)，如果已经能判断结果，就根本不处理第二个操作数 (表 3-12 中的 var3)。

如果 && 运算符的第一个操作数是 false，就不需要考虑第二个操作数的值了。因为无论第二个操作数的值是什么，其结果都是 false。同样，如果第一个操作数是 true，|| 运算符就返回 true，不必考虑第二个操作数的值。

1. 布尔按位运算符和赋值运算符。使用布尔赋值运算符可以把布尔比较与赋值组合起来，其方式与数学赋值运算符 (+=、*= 等) 相同。布尔赋值运算符见表 3-13。当表达式使用赋值 (=) 和按位运算符 (&、|) 时，就使用所比较数值的二进制表示来计算结果，而不是使用整数、字符串或相似的值。

表 3-13　布尔赋值运算符

运算符	类　别	示例表达式	结　果
&=	二元	var1&=var2;	var1 的值是 var1& var2 的结果
|=	二元	var1|= var2;	var1 的值是 var1 |var2 的结果

注意："&="和"|="赋值运算符并不使用"&&"和"||"条件布尔运算符。无论赋值运算符左边的值是什么，都处理所有操作数。

在下面的程序中，用户键入一个整数，然后代码使用该整数执行各种布尔运算。

（1）在目录下创建一个新的控制台应用程序。

（2）将以下代码添加到 Program.cs 中：

```
static void Main(string[] args)
{
    WriteLine("Enter an integer:");
    int myInt = ToInt32(ReadLine());
    bool isLessThan10 = myInt < 10;
    bool isBetween0And5 = (0 <= myInt) && (myInt<= 5);
    WriteLine($"Integer less than 10? {isLessThan10}");
    WriteLine($"Integer between 0 and 5?
    {isBetween0And5}");
    WriteLine($"Exactly one of the above is true?
            {isLessThan10^ isBetween0And5}");
    ReadKey();
}
```

运行应用程序，出现提示时，输入一个整数，显示结果：

Enter an integer:

6

Integer less than 10 ？ True

Integer between 0 and 5? False

Exactly one of the above is true? True

程序说明

前两行代码使用前面介绍的技术，提示并接受一个整数值：

WriteLine("Enter an integer:");

int myInt = ToInt32(ReadLine());

使用 Convert.ToInt32() 从字符串输入中得到一个整数。Convert.ToInt32() 是另一个类型的转换命令，与使用的 ConvertToDouble() 命令属于同一系列。ToInt32() 和 ToDouble() 方法是 System. Convert 静态类的一部分。C# 可以在包括的名称空间列表中包含 using static System.Convert 类，直接访问静态类 (在这个例子中是 System.Convert) 的方法。还要注意，没有检查用户是否输入了一个整数。如果提供了不是整数的值，如字符串，在试图执行转换时会发生异常。可以使用 try{}…catch{} 块处理这种情况，或在执行转换之前使用 GetType() 方法，检查输入的值是不是一个整数。

接着声明两个布尔变量 isLessThan10 和 isBetween0And5，并赋值，其中的逻辑匹配其名称中的描述：

bool isLessThan10= myInt< 10;

bool isBetween0And5 = (0 <= myInt) && (myInt<= 5);

接着在下面的 3 行代码中使用这些变量，前两行代码输出它们的值，第 3 行对它们执行一个操作，并输出结果。

第一个输出是操作 myInt<10 的结果。如果 myInt 是 6，则它小于 10，因此结果为 true。如果 myInt 的值是 10 或更大，就会得到 false。

第二个输出涉及较多计算：(0<= myInt) &&(myInt<= 5)，其中包含两个比较操作，用于确定 myInt 是否大于或等于 0，且小于或等于 5。接着对结果进行布尔 AND 操作。输入数字 6，则 (0<= myInt) 返回 true，而 myInt<= 5) 返回 false，最终结果就是 (true) &&(false)，即 false。

最后，对两个布尔变量 isLessThan10 和 isBetween0And5 执行逻辑异或操作。如果一个变量的值是 true，另一个是 false，则代码返回 true。所以只有 myInt 是 6、7、8 或 9，才返回 true，本例输入的是 6，所以结果是 true。

2.运算符优先级的更新。现在要考虑更多的运算符，运算符优先级见表 3-14。

表 3-14   运算符优先级（更新后）

优先级	运算符
优 先 级 由 高 到 低	++、--（用作前缀）、()、+、-（一元）、!、~ *、% +、- ≪、≫ <、>、≤、≥ ==、!= & ^ | && || =、*=、/=、% =、+=、≪=、≫=，&=，^=，|=
	++、--（用作后缀）

该表增加了好几个级别，但它明确定义了下述表达式该如何计算：

var1= var2 <= 4 &&var2 >= 2;

其中 && 运算符在 <= 和 >= 运算符之后执行（在这行代码中，var2 是一个 int 值）。

这里要注意的是，添加括号可以使这样的表达式看起来更清晰。编译器知道用什么顺序执行运算符，但人们常会忘记这个顺序（有时可能想改变这个顺序）。上述表达式也可以写为：

var1= (var2 <= 4) &&(var2 >= 2);

通过明确指定计算的顺序就解决了这个问题。

第二节   C# 编程控制分支语句概述

C# 中的选择控制语句有 if 语句、if…else 语句、if…else if 语句和 switch 语句，它们根据指定条件的真假值确定执行哪些简单语句。其中，简单语句既可以是单个语句，也可以是用 {} 括起来的复合语句。

一、if 语句

if 语句用于在程序中有条件地执行某一语句序列，其基本语法格式如下：

if（条件表达式）语句；

其中，"条件表达式"是一个关系表达式或逻辑表达式，当"条件表达式"为 true 时执行后面的"语句"。其执行流程见图 3-1。

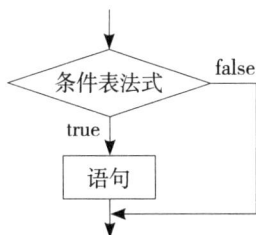

图 3-1　if 语句的执行流程

举例 1：编写一个程序，用 if 语句显示用户所输入数值的绝对值。

```
using System;
namespace proj3_1
{
    static void Main( string[ ]args)
    {
        intx;
        x = int.Parse(Console. ReadLine());
        if (x < 0) x = -x;
        Console. WriteLine(" 绝对值为 {0}", x) ;
    }
}
```

注意：与 C/C++ 语言不同，C# 的条件表达式必须返回 bool 型值，数字在 C# 中没有 bool 意义。另外，不要将 if (x= =1) 错误地书写为 if (x=1)，也不要将 if (x= =1|| x= =2) 错误地书写为 if (x= = 1|| 2)，否则会出现编译错误。

二、if…else 语句

如果希望 if 语句在"条件表达式"为 true 和为 false 时，分别执行不同的语句，用 else 引入"条件表达式"为 false 时执行的语句序列，这就是 if…else 语句，它根据不同的条件分别执行不同的语句序列，其语法形式如下：

if(条件表达式)

语句 1；

else

语句 2；

其中的"条件表达式"是一个关系表达式或逻辑表达式，当"条件表达式"为 true 时执行"语句 1"；当"条件表达式"为 false 时执行"语句 2"。其执行流程见图 3-2。

if…else 语句可以嵌套使用。但当多个 if…else 语句嵌套时，else 与哪个 if 匹配呢？为解决语义上的二义性，在 C# 中规定，else 总是和最后一个出现的还没有 else 与之匹配的 if 匹配。

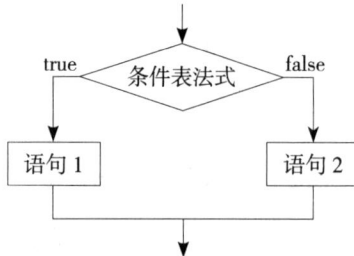

图 3-2　if…else 语句的执行流程

三、if…else if 语句

if…else if 语句用于进行多重判断，其语法形式如下：

if (条件表达式 1) 语句 1;

else if (条件表达式 2) 语句 2;

…

else if (条件表达式 n) 语句 n;

else 语句 n +1;

该语句的功能是先计算"条件表达式 1"的值，如果为 true 则执行"语句 1"，执行完毕后跳出该 if…else if 语句；如果"条件表达式 1"的值为 false，则继续计算"条件表达式 2"的值。如果"条件表达式 2"的值为 true，则执行"语句 2"，执行完毕后跳出该 if…else if 语句 + 如果"条件表达式 2"的值为 false，则继续计算"条件表达式 3"的值，依此类推。如果所有条件中给出的表达式值都为 false，则执行 else 后面的"语句 n + 1"。如果没有 else，则什么也不做，转到该 if…else if 语句后面的语句继续执行。其执行流程见图 3-3。

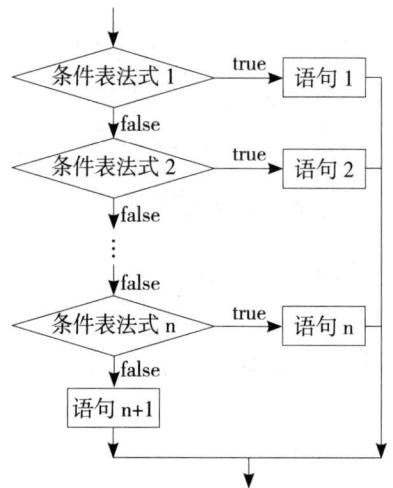

图 3-3　if…else if 语句的执行流程

四、switch 语句

switch 语句也称为开关语句，用于有多重选择的场合，测试某一个变量具有多个值时所执行的动作，功能与 if…else if 语句类似。switch 语句的语法形式如下：

switch（表达式）

{　　case 常量表达式 1: 语句 1; break;

　　　case 常量表达式 2: 语句 2; break;

　　　…

　　　case 常量表达式 n: 语句 n; break;

　　　default: 语句 n +1; break;

}

　　switch 语句将控制传递给与"表达式"值匹配的 case 块。switch 语句可以包括任意数目的 case 块，但是任何两个 case 块都不能具有相同的"常量表达式"值。语句体从选定的语句开始执行，直到 break 语句将控制传递到 case 块以外。在每一个 case 块（包括 default 块）的后面都必须有一个跳转语句（如 break 语句（因为 C# 不支持从一个 case 块显式地贯穿到另一个 case 块。但有一个例外，当 case 语句中没有代码时，可以不包含 break 语句。这种情况通常用于一次判断多个条件，如果满足这些条件中的任何一个，就会执行后面的代码。

　　如果没有任何 case 表达式与开关值匹配，则将控制传递给跟在可选 default 标签后的语句。如果没有 default 标签，则将控制传递到 switch 语句以外。switch 语句的执行流程见图 3-4。

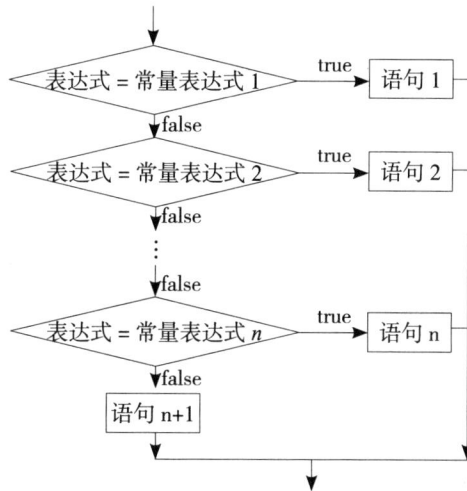

图 3-4　带 break 语句的 switch 控制流程

　　注意：在 C/C++ 中 switch 执行完一个 case 语句后，可以继续执行下一个 case 语句，而 C# 中的 switch 不能这样。

第三节　C# 编程控制循环语句概述

循环控制语句提供重复处理的能力，当某一指定条件为 true 时，循环体内的语句重复执行，并且每循环一次就会测试一下循环条件。如果为 false，则结束循环，否则继续循环。C# 支持 3 种格式的循环控制语句，while、do-while 和 for 语句。三者可以完成类似的功能，不同的是它们控制循环的方式。

一、while 语句

while 语句的一般语法格式如下：

while(条件表达式) 语句；

当"条件表达式"的运算结果为 true 时，重复执行"语句"。每执行一次"语句"，就会重新计算一次"条件表达式"。当该表达式的值为 false 时，while 循环结束，其流程见图 3-5。

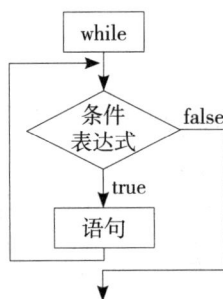

图 3-5　while 语句的执行流程

二、do…while 语句

do…while 语句的一般语法格式如下：

do

语句；

while(表达式)

do…while 语句每一次循环执行一次"语句"，就计算一次"条件表达式"是 true，如果是，则继续循环，否则结束循环。与 while 语句不同的是，do…while 循环中的"语句"至少会执行一次，而 while 语句如果第一次条件就不满足，语句一次也不会执行。其执行流程见图 3-6。

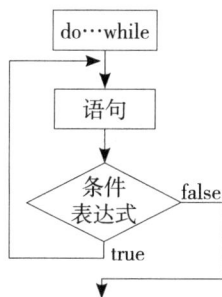

图 3-6　do…while 语句的执行流程

三、for 语句

for 语句通常用于预先知道循环次数的情况，其一般语法格式如下：

for (表达式 1; 表达式 2; 表达式 3) 语句；

其中，"表达式 1"可以是一个初始化语句，一般用于对一组变量进行初始化或赋值。"表达式 2"用于循环的条件控制，它是一个条件或逻辑表达式。当其值为 true 时，继续下一次循环，当其值为 false 时，则终止循环。"表达式 3"在每次循环执行完毕后执行，一般用于改变控制循环的变量。"语句"在"表达式 2"为 true 时执行。具体来说，for 循环的执行过程如下：

"表达式 1"。

计算"表达式 2"的值。

如果"表达式 2"的值为 true，先执行后面的"语句"，再执行"表达式 3"；如果"表达式 2"的值为 false，则结束整个 for 循环。

for 语句的执行流程见图 3-7。另外，C# 还提供了与 for 语句功能类似的 foreach 循环语句，用来循环处理一个集合中的元素。在 for 语句内定义的变量，其作用域仅限于该 for 语句。

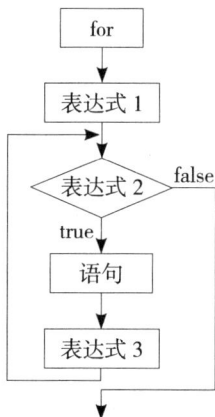

图 3-7　for 语句的执行流程

四、跳转语句

除了顺序执行和选择、循环控制外，有时需要中断一段程序的执行，跳转到其他地方继续执行，这时需要用到跳转语句。跳转语句包括 break、continue 和 goto 语句。

1. break 语句。break 语句使程序从当前的循环语句（do、while 和 for) 内跳转出来，接着执行循环语句后面的语句。

举例 2：编写一个程序，判断从键盘输入的大于 3 的正整数是否为素数。

分析：采用 for 循环语句，当 n 能被 $3 \sim \sqrt{n}$ 中的任意整数整除时，用 break 语句退出循环，表示 n 不是，否则 n 为素数。

```csharp
using System;
namespace proj3_2
{
    class Program
    {
        static void Main( string[ ]args)
        {
            int n, i;
            bool prime = true;
            Console. Write( " 输入一个大于 3 的正整数 :" );
            n = int. Parse(Console.ReadLine());
            for ( i= 3; i < = Math. Sqrt(n); i++ )
            {
                if (n % i == 0)
                {
                    prime = false;
                    break;
                }
            }
            if (prime) Console. WriteLine( "{ 0} 是素数 ", n);
            else Console. WriteLine("{0} 不是素数 ", n);
        }
    }
}
```

在前面介绍的 switch 语句中也用到了 break 语句，它表示终止当前 switch 语句的执行，接着 switch 语句后面的语句。

2. continue 语句。continue 语句也用于循环语句，它类似于 break，但它不是结束循环，而是结束循环语句的当前循环，接着一次循环。在 while 和 do…while 循环结构中，执行控制权转至对"条件表达式"的判断，在 for 结构中，转去执行"表达式 2"。

举例 3：编写一个程序，对输入的所有正数求和，如果输入的是负数，则忽略该数。程序每读入一个数，判断它的正负。如果为负，则利用 continue 语句结束当前循环，继续下一次循环，否则将该数加到总数上。

分析：使用 while 循环语句，当输入的数 n 为 0 时退出循环，当 n 小于 0 时使用 continue 语句重新开始下一循环，当大于 0 将其累计 sum 中。

```
using System;
namespace proj3_3
{
    classProgram
    {
        staticvoidMain( string[ ]args)
        {
            int sum = 0, n = 1;
            while (n!= 0)// 循环
            {
                Console. Write(" 输入一个整数（以 0 表示结束 :");
                n= int.Parse(Console.ReadLine());
                if (n< 0) continue;          // 开始下一次循环
                sum += n;
            }
            Console. WriteLine(" 所有正数之和 ={0}", sum);
        }
    }
}
```

3. goto 语句。使用 goto 语句也可以跳出循环和 switch 语句。goto 语句用于无条件转移程序的执行控制，它总是和一个标号相匹配，其如下：

goto 标号；

"标号"是一个用户自定义的标识符，它可以处于 goto 语句的前面，也可以处于其后面，但是标号和 goto 语句处于同一个函数中。在定义标号时，由一个标识符后面跟一个冒号组成。

举例 4：编写一个程序，求满足条件 $1^2+2^2+\cdots+n^2\leq1000$ 的最大的 n。

usingSystem;

059

```
namespaceproj3_4
{
    classProgram
    {
        Static void Main( string[] args)
        {
            int sum = 0, n = 0;
            while (true)
            {
                sum += n * n;
                if (sum > 1000) goto end;
                n++;
            }
            end: Console. WriteLine(" 最大的 n 为 :{0}",n-1);
        }
    }
}
```

显示结果：

最大的 n 为 13

在此注意：由于 goto 语句会严重破坏程序的结构，完全可以将使用 goto 语句的程序修改为更加合理的结构，所以一般不推荐使用该语句。

举例 5：改进上述编程，不使用 goto 语句重新编写程序如下：

```
using System;
namespace proj3_5
{
    classProgram
    {
        static void Main( string[]args)
        {
            int sum = 0, n = 0;
            do
            {
                sum += n*n;
                if (sum > 1000) break;
                n++;
            } while (sum< 1000);
```

```
        Console. WriteLine(" 最大的 n 为 :{0}", n–1);
    }
  }
}
```

五、无限循环

在代码编写错误或故意进行设计时，可以定义永不终止的循环，即所谓的无限循环。例如，下面的代码就是无限循环的一个简单例子：

```
while (true)
{
    //code in loop
}
```

有时这种代码也是有用的，而且使用 break 语句或者手工使用 Windows 任务管理器，总是可以退出这样的循环。但当出现这种情形意外时，就会出问题。考虑下面的循环，它与上一节的 for 循环非常类似：

```
int i = 1;
while (i <= 10)
{
    if ((i % 2) == 0)
        continue;
    WriteLine($"{i++}");
}
```

i 是在循环的最后一行代码 (即 continue 语句后的那条语句执行完后才递增的。如果程序执行到 continue 语句（ 此时 i 为 2），程序会用相同的 i 值进行下一个循环，然后测试这个 i 值，继续循环，一直这样下去。这就冻结了应用程序。注意仍可以用一般方式退出已冻结的应用程序，所以不必重新启动计算机。

第四节　C# 编程中的数组

数组是一组通过数字索引来访问的数据项。更精确地说，数组是一组相同类型的数据点 (int 数组、string 数组等)。使用 C# 声明数组很简单，新建一个控制台应用程序项目 FunWithArrays 来演示，在项目中有一个会从 Main() 调用的叫作 SimpleArrays() 的辅助方法。

```
class Program
{
```

```
static void Main(string[] args)
{
    Console.WriteLine("***** Fun with Arrays *****");
    SimpleArrays();
    Console.ReadLine();
}
static void SimpleArrays()
{
    Console.WriteLine("=> Simple Array Creation.");
    // 赋值一个包含 3 个元素的整数数组，编号为 0、1、2
    int[] myInts = new int[3];
    // 初始化一个 100 项的字符串数组，编号 0~99
    string[] booksOnDotNet = new string[100];
    Console.WriteLine();
}
}
```

如果使用这个语法声明 C# 数组的话，数组声明中的数字就表示项的总数，而不是上界。还应注意，数组的下界总是从 0 开始。因此，如果我们写 int[] myInts = new int[3]，最后我们会得到一个包含 3 个元素的数组（编号 0 ~ 2）。

定义了数组变量后，就可以使用索引来填充元素了。更新后的 SimpleArrays( ) 方法如下所示：

```
static void SimpleArrays()
{
    Console.WriteLine("=> Simple Array Creation.");
    // 创建数组并且填充 3 个整数
    int[] myInts = new int[3] ;
    myInts[0] = 100;
    myInts[l] = 200;
    myInts[2] = 300 ;
    // 现在输出每一个值
    foreach(int i in mylnts)
        Console.WriteLine(i);
    Console.WriteLine();
```

说明：如果我们声明数组，而不是显式填充每个索引，那么，每一项都会被设置为数据类型的值（例如，bool 的数组就被设置为 false，int 的数组就被设置为 0，以此类推）。

一、C# 数组初始化语法

除了逐个元素填充数组之外，还可以使用 C# 数组初始化语法来填充数组的元素，通过在大括号 ({}) 内指定每一个数组项来实现。如果我们需要创建一个已知大小的数组，并且希望快速指定初始值，这个语法就很有用。例如，下面是另一种方式的数组声明：

```
static void ArrayInitialization()
{
    Console.WriteLine("=> Array Initialization.");
    // 使用 new 关键字的数组初始化语法
    string[] stringArray = new string[]
        { "one", "two", "three" };
    Console.WriteLine("stringArray has {0} elements", stringArray.Length);
    // 不使用 new 关键字的数组初始化语法
    bool[] boolArray = { false, false, true };
    Console.WriteLine("boolArray has {0} elements", boolArray.Length);
    // 使用 new 关键字和大小的数组初始化
    int[] intArray = new int[4] { 20, 22, 23, 0 };
    Console.WriteLine("intArray has {0} elements", intArray.Length);
    Console.WriteLine();
}
```

注意，当使用"大括号"语法时，不需要指定数组大小（如构建 stringArray 类型的变量时），因为这可以通过大括号中项的个数进行推断。还要注意，new 关键字是可选的（如构建 boolArray 类型的变量时）。

在 intArray 声明的例子中，要记住指定的数字值是数组中元素的总数而不是上界值。如果声明的大小和初始化的个数不匹配，就会收到一个编译器错误，如下所示：

```
// 哦！大小和元素不匹配
int[] intArray = new int[2] { 20, 22, 23, 0 };
```

二、隐式类型本地数组

隐式类型本地变量由 var 关键字定义，其实际类型由编译器确定。同样，var 关键字也可以用来定义隐式类型本地数组。这样我们在分配新数组变量的时候，就不需要指定数组本身所包含的类型。

```
static void DeclareImplicitArrays()
{
    Console.WriteLine("=> Implicit Array Initialization.");
```

```csharp
// a 实际上是 int[]
var a = new[] { 1, 10, 100, 1000 };
Console.WriteLine("a is a: {0}", a.ToString( ));
// b 实际上是 double[]
var b = new[] { 1, 1.5, 2, 2.5 };
Console.WriteLine("b is a: {0}", b.ToString( ));
// c 实际上是 string[]
var c = new[] { "hello", null, "world" };
Console.WriteLine("c is a: {0}", c.ToString( ));
Console.WriteLine();
}
```

当然，在 C# 的隐式语法分配数组的时候，数组的初始化列表中每一项的类型都应该是相同的（例如，全都是 int、string 或 SportsCar）。隐式类型本地数组的项默认不是 System. Object，因此下面的代码将生成编译时错误：

```csharp
// 错误！混合类型
var d = new[] { 1, "one", 2, "two", false };
```

三、定义 object 数组

在大部分情况下，在定义数组的时候可以指定保存在数组变量中的项类型。这看起来很简单，但有一点需要注意。System.Object 是 .NET 类型系统中所有类型（包括基本数据类型）的最终基类。基于这一点，如果定义了一个 System.Object 的数组，子项就可以是任何东西。考虑如下 ArrayOfObjects () 方法（同样，可以从 Main() 调用进行测试）：

```csharp
static void ArrayOfObjects()
{
    Console.WriteLine("=> Array of Objects.");
    // 对象数组可以是任何东西
    object[] myObjects = new object[4];
    myobjects[0] = 10;
    myobjects[1] = false;
    myobjects[2] = new DateTime(2018, 3, 24) ;
    myobjects[3] = "Form & Void";
    foreach (object obj in myObjects)
    {
        // 输出数组中每一项的类型和值
        Console.WriteLine("Type: {0}, Value: {1}", obj.CetType(), obj);
```

064

```
    }
    Console.WriteLine();
}
```

在这里，我们遍历 myObjects 的内容，并使用 System.Object 的 GetType() 方法输出每一项的实际类型以及当前项的值。在这里，我们不会过多研究有关 System.Object. GetType() 方法的细节，只需要理解这个方法用于获取项的完全限定名。下面的输出为调用 ArrayOfObjects () 的结果。

=> Array of Objects.

Type: System.Int32, Value: 10

Type: System.Boolean, Value: False

Type: System.DateTime, Value: 3/24/2018 12:00:00 AM

Type: System.String, Value: Form & Void

四、使用多维数组

C# 还支持两种多维数组，第一个叫作矩形数组，它只是一个每一行长度都相同的多维数组。如下代码声明并填充一个多维矩形数组：

```
static void RectMultidimensionalArray()
{
    Console.WriteLine("=> Rectangular multidimensional array.");
    // 矩形多维数组
    int[,] myMatrix;
    myMatrix = new int[6,6];// 填充 6*6 数组
    for(int i = 0; i < 6; i++)
        for(int j = 0 ; j < 6; j++)
            myMatrix[i, j] = i * j;// 输出 6*6 数组
        for(int i = 0; i < 6; i++)
        {
            for(int j = 0 ; j < 6; j++)
                Console.Write(myMatrix[i, j] +"\t"/);
            Console.WriteLine();
        }
        Console.WriteLine();
}
```

第二种多维数组的类型叫作交错数组。顾名思义，交错数组包含一些内部数组，每一个都有各自的上界，例如：

```
static void JaggedMultidimensionalArray()
{
    Console.WriteLine("=> Jagged multidimensional array.");
    // 交错多维数组（也就是数组的数组）
    // 声明一个具有 5 个不同数组的数组
    int[][] myDagArray = new int[5][] ;
    // 创建交错数组
    for (int i = 0 ; i < myDagArray.Length; i++)
        myJagArray[i] = new int[i +7];
    // 输出每一行（记住，每一个元素都默认为 0）
    for(int i = 0; i < 5 ; i++)
    {
        for(int j = 0; j < myDagArray[i].Length; j++)
            Console.Write(myDagArray[i][j] + "");
        Console.WriteLine();
    }
    Console.WriteLine();
}
```

五、数组作为参数

用户只要创建了一个数组，就完全可以把它作为参数进行传递或作为成员返回值接收。例如，下面用 PrintArray() 方法接收传入的 int 数组并将每一个成员输出到控制台，而 GetStringArray() 则填充 string 数组并返回给调用者：

```
static void PrintArray(int[] myInts)
{
    for(int i = 0; i < mylnts.Length; i++)
        Console.WriteLine("Item {0} is {1}", i, mylnts[i]);
}
static string[] GetStringArray()
{
    string[] theStrings = {"Hello", "from", "GetStringArray"};
    return theStrings;
}
```
这些方法的调用方式我们也能想到：
```
static void PassAndReceiveArrays()
```

```
{
    Console.WriteLine("=> Arrays as params and return values.");
    // 传递数组作为参数
    int[] ages = {20, 22, 23, 0};
    PrintArray(ages);
    // 获取数组作为返回值
    string[] strs = GetStringArray();
    foreach(string s in strs)
        Console.WriteLine(s);
    Console.WriteLine();
}
```

至此，介绍完了定义、填充和获取 C# 数组变量内容的整个过程。为了完善这个知识体系，现在来研究一下 System. Array 类的作用。

六、System.Array 基类

用户创建的每一个数组都从 System. Array 类获得了很多功能。使用这些公共成员，用户就能使用统一的对象模型来操作数组。表 3-15 列出了其中一些有趣的成员。

表 3-15 System. Array 的部分成员

Array 类的成员	作　用
Clear()	这个静态方法将数组中一系列元素设置为空值（值项为 0，对象引用为 null，布尔值为 false）
CopyTo()	这个方法用来将源数组中的元素复制到目标数组中
Length	这个属性返回数组中项的个数
Rank	这个属性返回当前数组维数
Reverse()	这个静态方法反转一维数组的内容
Sort()	这个静态方法为内建类型的一维数组排序。如果数组中的元素实现了 IComparer 接口，我们就可以为自定义类型排序

下面的辅助方法使用了 Reverse() 和 Clear() 方法来提取有关数组的信息并输出到控制台。

```
static void SystemArrayFunctionality()
{
    Console.WriteLine("=> Working with System.Array.");
```

```
// 初始化起始项
string[f] gothicBands = {"Tones on Tail", "Bauhaus", "Sisters of Mercy"};
// 按声明的次序输出名字
Console.WriteLine("-> Here is the array:");
for (int i = 0; i < gothicBands.Length; i++)
{
    // 输出一个名字
    Console.Write(gothicBands[i] + ",");
}
Console.WriteLine("\n");
// 反转它们
Array.Reverse(gothicBands);
Console.WriteLine("-> The reversed array");
// 输出它们
for (int i = 0; i < gothicBands.Length; i++)
{
    // 输出一个名字
    Console.Write(gothicBands[i] + ",");
}
Console.WriteLine("\n");
// 清除除了最后成员之外的所有项
Console.WriteLine("-> Cleared out all but one".");
Array.Clear(gothicBands, 1, 2);
for (int i = 0; i < gothicBands.Length; i++)
{
    // 输出一个名字
    Console.Write(gothicBands[i] + ",");
}
Console.WriteLine();
}
```

如果从 Main() 中调用这个方法，会得到如下所示的输出结果：

=> Working with System.Array.

-> Here is the array:

Tones on Tail, Bauhaus, Sisters of Mercy,

-> The reversed array

Sisters of Mercy, Bauhaus, Tones on Tail,

–> Cleared out all but one…

Sisters of Mercy,,,

注意，System.Array 的很多成员都定义为静态方法，因此可以在类级别进行调用（如 Array.Sort() 或 Array.Reverse() 方法）。这样的方法都需要传入到我们希望处理的数组。System.Array 的其他方法 (Length 属性) 绑定在对象级别上，因此用户可以直接在数组上调用成员。

第五节　C# 编程中的函数

人们迄今看到的代码都是以单个代码块的形式出现的，其中包含一些重复执行的循环代码，以及有条件地执行的分支语句。如果要对数据执行某种操作，就应把所需要的代码放在合适的地方。这种代码结构的作用是有限的。某些任务常需要在一个程序中执行好几次，如查找数组中的最大值。此时可以把相同（或几乎相同）的代码块按照需要放在应用程序中，但这样做存在以下问题：在某个常见任务中，即使进行非常小的改动（如修改某个代码错误），也需要修改多个代码块，而这些代码块分布在整个应用程序中。如果忘了修改其中一个代码块，就会产生很大影响，导致整个应用程序失败。另外，应用程序也较长。解决这个问题的方法是使用函数。在 C# 中，函数可提供在应用程序中的任何一处执行的代码块。

例如，有一个函数返回数组中的最大值，可在代码的任何位置使用这个函数，且在每个地方都使用相同的代码行。因为只需要提供一次这段代码，所以对代码的任何修改将影响使用该函数进行的计算。这个函数可以看成包含可重用的代码。

函数可以提高代码的可读性，使用函数将相关代码组合在一起，应用程序主体就会非常短。这类似于在 IDE 中使用大纲视图将代码区域折叠在一起，应用程序的结构更加合理。

函数可用于创建多用途的代码，让它们对不同的数据执行相同的操作。采用参数形式为函数提供信息，以返回值的形式得到函数的结果。在上面的示例中，参数就是一个要搜索的数组，而返回值就是数组中的最大值。这意味着每次可以使用同一函数处理不同的数组。函数的定义包括函数名、返回类型以及参数列表，这个参数列表指定了该函数需要的参数数量和参数类型。函数的名称和参数（不是返回类型）共同定义了函数的签名。

一、定义和使用函数

下面介绍如何将函数添加到应用程序中，以及如何在代码中使用（调用）它们。首先从基础知识开始，看看不与调用代码交换任何数据的简单函数，然后介绍更高级的函数用法。分析一个示例。

class Program

```
    {
    static void Write ()
     {
        WriteLine("Text output from function.");
     }
    static void Main(string[] args)
     {
        Write();
        ReadKey();
     }
    }
```

执行程序，显示结果：

Text output from function.

示例说明：

下面的 4 行代码定义了函数 Write()：

```
static void Write ()
{
    WriteLine("Text output from function.");
}
```

这些代码把一些文本输出到控制台窗口中。但这些并不重要，人们更关心定义和使用函数的机制。

函数定义由以下部分组成：① 两个关键字：static 和 void。② 函数名后跟圆括号，如 Write()。③ 一个要执行的代码块，放在花括号中。

注意：一般采用 PascalCase 形式编写函数名。

定义 Write() 函数的代码非常类似于应用程序中的其他代码：

```
static void Main(string[] args)
{
  …
}
```

因为人们编写的所有代码 (类型定义除外) 都是函数的一部分。函数 Main() 是控制台应用程序的入口点函数。当执行 C# 应用程序时，就会调用包含的入口点函数，这个函数执行完毕后，应用程序就终止了。所有 C# 可执行程序都必须有一个入口点。

Main() 函数和 Write() 函数的唯一区别 (除了它们包含的代码) 是函数名 Main 后面的圆括号中还有一些代码，这是指定参数的方式，详见后面的内容。如上所述，Main() 函数和 Write() 函数都是使用关键字 static 和 void 定义的。现在只需要记住，本节的应用程序中所使用的所有函数都必须使用这个关键字。

void 关键字表明函数没有返回值。调用函数的代码如下所示：

Write ();

键入函数名，后跟空括号即可。当程序执行到这行代码时，就会运行 Write() 函数中的代码。

注意：在定义和调用函数时，必须使用圆括号。如果删除它们，将无法编译代码。

（一）返回值

通过函数进行数据交换的最简单方式是利用返回值。有返回值的函数会最终计算得到这个值，就像在表达式中使用变量时，会计算得到变量包含的值一样。与变量一样，返回值也有数据类型。例如，函数 GetString()，其返回值是一个字符串，可以在代码中使用该函数，如下所示：

string myString; myString = GetString();

还有一个函数 GetVal()，它返回一个 double 值，可在数学表达式中使用它：

double myVal;

double multiplier = 5.3;

myVal = GetVal() * multiplier;

当函数返回一个值时，可以采用以下两种方式修改函数：

第一，在函数声明中指定返回值的类型，但不使用关键字 void。

第二，使用 return 关键字结束函数的执行，把返回值传送给调用代码。

从代码角度看，对于讨论的控制台应用程序函数，其使用返回值的形式如下所示：

static <returnType><FunctionName>()

{

   ….

   return <returnValue>;

}

这里唯一的限制是 <returnValue> 必须是 <returnType> 类型的值，或者可以隐式转换为该类型。但是，<returnType> 可以是任何类型。代码如下：

static double GetVal()

{

   return 3.2;

}

返回值通常是函数执行的处理结果。上面的结果使用 const 变量也可以简单地实现。当执行到 return 语句时，程序会立即返回调用代码，这条语句后面的代码都不会执行。但这并不意味着 return 语句只能放在函数体的最后一行，可以在前边的代码里使用 return，如放在分支逻辑之后。把 return 语句放在 for 循环、if 块或其他结构中会使该结构立即终止，函数也立即终止。例如：

```
static double GetVal()
{
    double checkVal;
    // checkVal assigned a value through some logic (not shown here).
    if (checkVal < 5)
        return 4.7;
    return 3.2;
}
```

根据 checkVal 的值，将返回两个值中的一个。这里的唯一限制是，必须在函数的闭合花括号"}"之前处理 return 语句。下面的代码是不合法的：

```
static double GetVal()
{
    double checkVal;
    //checkVal assigned a value through some logic.
    if (checkVal < 5)
        return 4.7;
}
```

如果 checkVal>= 5，就不会执行到 return 语句，这是不允许的。所有处理路径都必须执行到 return 语句。大多数情况下，编译器会检查是否执行到 return 语句，如果没有，就给出错误"并不是所有的处理路径都返回一个值"。

执行代码的函数可使用 C# 引入的一个功能：表达式体方法 (expression-bodied method)。以下函数模式使用 => 来实现这一功能。

```
static <returnType><FunctionName>() =><myVal1 * myVal2>;
```

例如，Multiply() 函数：

```
static double Multiply(double myVal1, double myVal2)
{
    return my Vail * myVal2;
}
```

现在可以使用 => 编写它。下述代码用更简单和统一的方式表达方法的意图：

```
static double Multiply(double myVal1, double myVal2) => mVail * MyVal2;
```

（二）参数

当函数接受参数时，必须指定以下内容：

（1）函数在其定义中指定接受的参数列表，以及这些参数的类型。

（2）在每个函数调用中提供匹配的实参列表。

注意：仔细阅读 C# 规范会发现形参 (parameter) 和实参 (argument) 之间存在一些细微的区别。形参是函数定义的一部分，而实参则由调用代码传递给函数。这两个术语通常被简单地称为参数。

示例代码如下，其中可以有任意数量的参数，每个参数都有类型和名称。

```
static <returnrype><FunctionName>(<paramType><paramName>,...)
{
    …
    return <returnValue>;
}
```

参数之间用逗号隔开。每个参数都在函数的代码中用作一个变量。例如，下面是一个简单的函数，带有两个 double 参数，并返回它们的乘积。

```
static double Multiply(double myVal1, double myVal2)
{
    return my Vail * myVal2;
}
```

再看一个较复杂的示例：

```
class Program
{
    static int MaxValue(int[] intArray)
    {
        int maxVal = intArray [0];
        for (int i = 1; i < intArray.Length; i++)
        {
            if (intArray[i]> maxVal>
                maxVal = intArray[i];
        }
        return maxVal;
    }
    static void Main(string[] args)
    {
        int[] myArray = { 1, 8, 3, 6, 2, 5, 9, 3, 0, 2 };
        int maxVal = MaxValue (myArray);
        WriteLine ($"The maximum value in myArray is {maxVal}");
        ReadKey();
```

```
    }
}
```

执行程序，显示结果：

The maximum value in myArray is 9

示例说明：

这段代码包含一个函数，该函数以一个整数数组作为参数，并返回该数组中的最大值。该函数的定义如下：

```
static int MaxValue(int[] intArray)
{
    int maxVal = intArray[0];
    for (int i = 1; i < intArray.Length; i++)
    {
        if (intArray[i] > maxVal)
            maxVal = intArray[i];
    }
    return maxVal;
}
```

函数 MaxValue() 定义了一个参数，即 int 数组 intArray，它还有一个 int 类型的返回值。最大值的计算很简单。局部整型变量 maxVal 初始化为数组中的第一个值，然后把这个值与数组中后面的每个元素依次进行比较。如果一个元素的值比 maxVal 大，就用这个值代替当前的 maxVal 值。循环结束时，maxVal 就包含数组中的最大值，用 return 语句返回。

Main() 中的代码声明并初始化一个简单的整数数组，用于 MaxValue() 函数：

int[] myArray = { 1, 8, 3, 6, 2, 5, 9, 3, 0, 2 };

调用 MaxValue()，把一个值赋给 int 变量 maxVal：

int maxVal = MaxValue(myArray);

接着，使用 WriteLine() 把这个值写到屏幕上：

WriteLine ($ "The maximum value in myArray is {maxVal}") ;

1.参数匹配

在调用函数时，必须使提供的参数与函数定义中指定的参数完全匹配，这意味着要匹配参数的类型、个数和顺序。例如，下面的函数：

```
static void MyFunction(string myString, double myDouble)
{
    …
}
```

不能使用下面的代码调用：

MyFunction(2.6, "Hello");

这里试图把 double 值作为第一个参数传递，把 string 值作为第二个参数传递，参数顺序与函数声明中定义的顺序不匹配。这段代码不能编译，因为参数类型是错误的。

2.参数数组

C# 允许为函数指定一个（只能指定一个）特殊参数，这个参数必须是函数定义中的最后一个参数，称为参数数组。参数数组允许使用个数不定的参数调用函数，可使用 params 关键字定义它们。

参数数组可以简化代码，因为在调用代码中不必传递数组，而是传递同类型的几个参数，这些参数会放在可在函数中使用的一个数组中。

定义使用参数数组的函数时，需要使用下列代码：

```
static <returnType><FunctionName> {<plType><plName>,…, params <type>[] <name>)
{
  …
    return <returnValue>;
}
```

使用下面的代码可以调用该函数：

```
<FunctionName> (<pl>,…, <vall>, <val2>,…)
```

其中 <val1> 和 <val2> 等都是 <type> 类型的值，用于初始化 <name> 数组。可以指定的参数个数几乎不受限制，但它们必须是 type 类型，甚至根本不必指定参数。

例如，定义并使用带有 params 类型参数的函数。

```
class Program
{
    static int SumVals(params int[] vals)
    {
        int sum = 0;
        foreach (int val in vals)
        {
            sum += val;
        }
        return sum;
    }
static void Main(string[] args)
{
        int sum =SumVals(1, 5, 2, 9, 8);
        WriteLine($"Summed Values sum { sum }");
```

```
    ReadKey();
  }
}
```

执行程序，显示结果：

Summed Values sum 25

示例说明：

这个示例用关键字 params 定义函数 sumVals()，该函数可以接受任意 int 参数（但不接受其他类型的参数）：

```
static int SumVals(params int[] vals)
{
    …
}
```

这个函数对 vals 数组中的值进行迭代，将这些值加在一起，返回其结果。

在 Main() 中，用 5 个整型参数调用函数 SumVals()：

int sum = SumVals(1, 5, 2, 9, 8);

也可以用 0、1、2 或 100 个整型参数调用这个函数——参数的数量不受限制。

注意：C# 引入了指定函数参数的新方式，包括用一种可读性更好的方式包含可选参数。

3. 引用参数和值参数

上述定义的所有函数都带有值参数。其含义是：在使用参数时，是把一个值传递给函数使用的一个变量。在函数中对此变量的任何修改都不影响函数调用中指定的参数。例如，函数使传递过来的参数值加倍，并显示出来：

```
static void ShowDouble(int val)
{
    val *= 2;
    WriteLine($"val doubled = {0}", val);
}
```

参数 val 在这个函数中被加倍，如果按以下方式调用它：

int myNumber =5;

WriteLine($"myNumber = {myNumber}");

ShowDouble(myNumber);

WriteLine ($"myNumber = {myNumber},f,);

输出到控制台的文本如下所示：

myNumber = 5

val doubled =10

myNumber = 5

把 myNumber 作为一个参数，调用 ShowDouble() 并不影响 Main() 中 myNumber 的值，即使把 myNumber 赋值给 val 后将 val 加倍，myNumber 的值也不变。

但是，如果要改变 myNumber 的值，就会有问题。可以使用一个为 myNumber 返回新值的函数：

```
static int DoubleNum(int val)
{
    val *= 2;
    return val;
}
```

并使用下面的代码调用它：

```
int myNumber =5;
WriteLine($"myNumber = {myNumber}");
myNumber = DoubleNum (myNumber);
WriteLine($"myNumber = {myNumber}");
```

但这段代码一点也不直观，且不能改变用作参数的多个变量值 (因为函数只有一回值)。

此时，通过"引用"传递参数，即函数处理的变量与函数调用中使用的变量相同，而不仅是值相同的变量。因此，对这个变量进行的任何改变都会影响用作参数的变量值。为此，只需使用 ref 关键字指定参数：

```
static void ShowDouble(ref int val)
{
    val *= 2;
    WriteLine($"val doubled = (val)}") ;
}
```

在函数调用中再次指定它 (这是必需的)：

```
int myNumber = 5;
WriteLine($"myNumber = {myNumber}",);
ShowDouble (ref myNuinber);
WriteLine ($"myNumber = {myNumber}");
```

输出到控制台的文本如下所示：

```
myNumber = 5    val doubled = 10    myNumber = 10
```

用作 ref 参数的变量有两个限制。首先，函数可能会改变引用参数的值，必须在函数调用中使用"非常量"变量。因此，下面的代码是非法的：

```
const int myNuinber = 5;
WriteLine($"myNumber = {myNumber}",);
ShowDouble(ref 6);
```

WriteLine($"myNumber = {myNumber}");

其次，必须使用已经初始化的变量。C# 不允许假定 ref 参数在使用它的函数中初始化，下面的代码也是非法的。

int myNumber;

ShowDouble(ref myNumber);

WriteLine($"myNumber = {myNumber}");

4. 输出参数

除了按引用传递值外，还可以使用 out 关键字，指定所给的参数是一个输出参数。out 关键字的使用方式与 ref 关键字相同（在函数定义和函数调用中用作参数的修饰符）。它的执行方式与引用参数完全一样，即在函数执行完毕后，该参数的值将返回给函数调用中使用的变量。但是，二者存在重要区别：

第一，把未赋值的变量用作 ref 参数是非法的，但可以把未赋值的变量用作 out 参数。

第二，在函数使用 out 参数时，必须把它看成尚未赋值。

调用代码可以把已赋值的变量用作 out 参数，但存储在该变量中的值会在函数执行时丢失。例如，前面返回数组中最大值的 MaxValue() 函数，略微修改该函数，获取数组中最大值的元素索引。如果数组中有多个元素的值都是这个最大值，只提取第一个最大值的索引。因此，修改函数，添加一个 out 参数，如下所示：

```csharp
static int MaxValue(int[] intArray, out int maxlndex)
{
    int maxVal =intArray[0];
    maxlndex =0;
    for (int i = 1; i < intArray.Length; i++)
    {
        if (intArray[i] > maxVal)
        {
            maxVal = intArray[i];
            maxlndex = i;
        }
    }
    return maxVal;
}
```

可采用以下方式使用该函数：

```csharp
int[] myArray = { 1, 8, 3, 6, 2, 5, 9, 3, 0, 2 }; int maxIndex;
WriteLine($"The maximum value in myArray is
        {MaxValue(myArray, out maxIndex)}");
```

WriteLine ($"The first occurrence of this value is at element { maxIndex + 1}") ;

结果如下：

The maximum value in myArray is 9

The first occurrence of this value is at element 7

注意：必须在函数调用中使用 out 关键字，就像 ref 关键字一样。

二、变量的作用域

给定的变量有一个作用域，在这个作用域外是不能访问该变量的。因此，在 C# 中需要利用函数交换数据，使变量仅能从代码的本地作用域访问。

变量的作用域是一个重要主题，以下示例将演示在一个作用域中定义变量，但试图在另一个作用域中使用该变量的情形。

```
class Program
{
    static void Write()
    {
        WriteLine($"myString = {myString}");
    }
    static void Main(string[] args)
    {
        string myString = "String defined in Main()";
        Write();
        ReadKey();
    }
}
```

编译代码，注意显示在任务列表中的错误和警告：

The name 'myString' does not exist in the current context.

The variable 'myString' is assigned but its value is never used.

示例说明：

出错原因是：不能在 Write() 函数中访问在应用程序主体 (Main() 函数) 中定义的变量 myString。因为变量是有作用域的，在相应作用域中，变量才是有效的。这个作用域包括定义变量的代码块和直接嵌套在其中的代码块。函数中的代码块与调用它们的代码块是不同的。在 Write() 中，没有定义 myString，在 Main() 中定义的 myString 超出了作用域，它只能在 Main() 中使用。

实际上，在 Write() 中可以有一个完全独立的变量 myString。修改代码如下：

```
class Program {
```

```
{
    static void Write()
    {
        string myString = "String defined in Write()";
        WriteLine("Now in Write()");
        WriteLine($"myString = {myString}") ;
    }
    static void Main(string[] args)
    {
        string myString = "String defined in Main()";
        Write();
        WriteLine("\n Now in Main()") ;
        WriteLine($"myString = {myString}") ;
        ReadKey();
    }
}
```

执行程序，显示结果

Now in Write()

myString =String defined inWrite()

Now in Main()

myString =String defined in Main()

这段代码执行的操作如下：

Main() 定义和初始化字符串变量 myString。

Main() 把控制权传送给 Write()。

Write() 定义和初始化字符串变量 myString，它与 Main() 中定义的 myString 变量完全不同。

Write() 把一个字符串输出到控制台，该字符串包含在 Write() 中定义的 myString 的值。

Write() 把控制权传送回 Main()。

Main() 把一个字符串输出到控制台，该字符串包含在 Main() 中定义的 myString 的值。

其作用域以这种方式覆盖一个函数的变量称为局部变量。还有一种全局变量，其作用域可覆盖多个函数。修改代码，如下所示：

```
class Program
{
    static string myString;
    static void Write()
```

```
    {
        string myString = "String defined in Write()");
        WriteLine ("Now in Write()"）;
        WriteLine($"Local myString = {myString}");
        WriteLine($"Global myString = {Program.myString}");
    }
    static void Main(string[] args)
    {
        string myString = "String defined in Main()"；
        Program.myString = "Global string";
        Write ();
        WriteLine ("\nNow in Main () ");
        WriteLine($"Local myString = {myString}");
        WriteLine($"Global myString = {Program.myString}");
        ReadKey ();
    }
}
```

执行程序，显示结果：

Now in Write()

Local myString =String defined in Write()

Global myString =Global string

Now in Main()

myString = String defined in Main ()

Global myString =Global string

这里添加了另一个变量 myString，这次进一步加深了代码中的名称层次。这个变量定义如下：

static string myString。

注意：这里也需要 static 关键字。在此类控制台应用程序中，必须使用 static 或 const 关键字定义这种形式的全局变量。如果要修改全局变量的值，就需要使用 static，因为 const 禁止修改变量的值。

为区分这个变量和 Main() 与 Write() 中的同名局部变量，必须用一个完整限定的名称为变量名分类。这里把全局变量称为 Program.myString。注意，只有在全局变量和局部变量同名时，才需要这么做。如果没有局部 myString 变量，就使用 myString 表示全局变量，而不需要使用 Prograin.myString。如果局部变量和全局变量同名，会屏蔽全局变量。

全局变量的值在 Main() 中设置如下：

Program.myString = "Global string";

全局变量在 Write() 中可以通过如下语句访问：

WriteLine($"Global myString = {Program.myString}");

为什么不能使用这个技术通过函数交换数据，而要使用参数交换数据？有时，这确实是一种交换数据的首选方式，如编写一个对象用作插件或者在较大项目中使用的短脚本。但许多情况下不应使用这种方式。使用全局变量的最常见问题与并发性的管理相关。例如，可以编写一个局变量读取一个类的众多方法或读取不同的线程。如果大量的线程和方法可以写入全局变量，能确定全局变量中的值是有效数据吗？没有额外的同步代码，就不能确定。因此，是否使用全局变量取决于函数的用途。

使用全局变量的问题在于，它们通常不适合于"常规用途"的函数，而这些函数能处理任意数据，而不仅限于处理特定全局变量中的数据。

（一）其他结构中变量的作用域

上一节的一个要点不是只与函数之间的变量作用域有关，变量的作用域包含定义它们的代码块和直接嵌套在其中的代码块。这一点也适用于其他代码块，如分支和循环结构的代码块。考虑下面的代码：

```
int i;
for (i = 0; i < 10; i++)
{
    string text = "Line " + Convert.ToString(i);
    WriteLine($"{text}");
}
WriteLine($"Last text output in loop: {text}");
```

字符串变量 text 是 for 循环的局部变量，这段代码不能编译，因为在该循环外部调用的 WriteLine() 试图使用该字符串变量，但是在循环外部该字符串变量会超出作用域。修改代码如下：

```
inti;
string text;
for (i = 0; i < 10; i++)
{
    text = "Line " + Convert.ToString(i);
    WriteLine($"{text}");
}
WriteLine($"Last text output in loop: {text}");
```

这段代码也会失败，原因是必须在使用变量前对其进行声明和初始化，但 text 只在 for

循环中初始化。由于没有在循环外进行初始化，赋给 text 的值在循环块退出时就丢失了。可进行如下修改：

```
int i;
string text ="";
for (i = 0; i < 10; i++)
{
    text = "Line "+ Convert .ToString (i);
    WriteLine($"{text}");
}
WriteLine($"Last text output in loop: {text}");
```

这次 text 是在循环外部初始化的，可以访问它的值。

执行程序，显示结果：

Line 0

Line 1

Line 2

Line 3

Line 4

Line 5

Line 6

Line 7

Line 8

Line 9

在循环中最后赋给 text 的值可以在循环外部访问。可以看出，这个主题的内容需要花一点时间掌握。在前面的示例中，循环之前将空字符串赋给 text，而在循环之后的代码中 text 就不会是空字符串了，其原因可能一下子看不出来。

这种情况的解释涉及分配给 text 变量的内存空间，实际上任何变量都是这样。只声明一个简单变量类型，并不会引起其他变化。只有在给变量赋值后，这个值才会被分配一块内存空间。如果这种分配内存空间的行为在循环中发生，该值实际上定义为一个局部值，在循环外部会超出其作用域。

即使变量本身未局部化到循环上，其包含的值也会局部化到该循环上。但是，在循环外部赋值可以确保该值是主体代码的局部值，在循环内部它仍处于其作用域中。这意味着变量在退出主体代码块之前是没有超出作用域的，因此可在循环外部访问它的值。

C# 编译器可检测变量作用域的问题，根据它生成的错误信息修正程序有助于人们理解变量的作用域问题。

（二）参数和返回值与全局数据

下面详细介绍如何通过全局数据以及参数和返回值与函数交换数据。首先分析下面的代码：

```csharp
class Program
{
    static void ShowDouble(ref int val)
    {
        val *= 2;
        WriteLine($"val doubled = {val}");
    }
    static void Main(string[] args)
    {
        int val =5;
        WriteLine($"val = {val}"};
        ShowDouble(ref val);
        WriteLine($"val = {val}");
    }
}
```

注意：这段代码与本章前面的代码稍有不同，在前面的示例中，在 Main() 中使用了变量名 myNumber，这说明局部变量可以具有相同的名称，且不会相互干涉。

和下面的代码比较：

```csharp
class Program
{
    static int val;
    static void ShowDouble()
    {
        val *= 2;
        WriteLine($"val doubled = {val}");
    }
    static void Main(string[] args)
    {
        val =5;
        WriteLine ($"*val = {val}");
        ShowDouble();
        WriteLine ($"val = {val}"*) ;
```

```
        }
    }
```

这两个 ShowDouble() 函数的结果是相同的。

使用哪种方法并没有什么硬性规定，这两种方法都十分有效，但需要考虑一些规则。

首先，使用全局值的 ShowDouble() 版本只使用全局变量 val。为了使用这个版本，必须使用全局变量。这会对该函数的灵活性有轻微的限制，如果要存储结果，就必须总是把这个全局变量值复制到其他变量中。其次，全局数据可能在应用程序的其他地方被代码修改，这会导致预料不到的结果 (其值可能会改变)。

然而，这种简化实际上使代码更难理解。显式指定参数可以一眼看出发生了什么改变。例如，对于 FunctionName(val1，out val2) 函数调用，马上就可以知道 val1 和 val2 都是要考虑的重要变量，在函数执行完毕后，会为 val2 赋予一个新值。反之，如果这个函数不带参数，就不能对它处理的数据做任何假设。

总之，可以自由选择使用哪种技术进行交换数据。一般情况下，最好使用参数，而不使用全局数据，但有时使用全局数据更合适，使用这种技术并没有错。

三、Main() 函数

前面介绍了创建和使用函数时涉及的大多数简单技术，下面详细论述 Main() 函数。Main() 是 C# 应用程序的入口点，执行这个函数就是执行应用程序。在执行过程开始时，会执行 Main() 函数，在 Main() 函数执行完毕时，执行过程就结束了。

这个函数可以返回 void 或 int，有一个可选参数 string[] args。Main() 函数可使用如下 4 种版本：

```
static void Main()
static void Main (string [ ] args)
static int Main()
static int Main(string[] args)
```

上面的第 3 和第 4 个版本返回一个 int 值，它们可以用于表示应用程序的终止方式，通常用作一种错误提示 (但这不是强制的)。一般情况下，返回 0 反映了 "正常" 的终止 (即应用程序已经执行完毕，并安全地终止)。

Main() 的可选参数 args 是从应用程序的外部接受信息的方法，这些信息在运行应用程序时以命令行参数的形式指定。

在执行控制台应用程序时，指定的任何命令行参数都放在这个 args 数组中，根据需要在应用程序中使用这些参数。下面举例说明。这个示例可以指定任意数量的命令行参数，每个参数都被输出到控制台。

```
class Program
{
```

```
static void Main(string[] args)
{
    WriteLine($"{args.Length) command line arguments were specified:");
    foreach (string arg in args)
        WriteLine(arg);
    ReadKey();
}
}
```

执行程序，显示结果；

3command line arguments were specified:

256

myfile.txt

a longer argument

示例说明：

这里使用的代码非常简单：

```
WriteLine ($"{args.Length} command line arguments were specified:");
foreach (string arg in args)
    WriteLine(arg);
```

使用 args 参数与使用其他字符串数组类似。人们没有对参数进行任何异样的操作，只是把指定信息写到屏幕上。在本例中，通过 IDE 中的项目属性提供参数，这是一种便捷方式，只要在 IDE 中运行应用程序，就可以使用相同的命令行参数，不必每次都在命令行提示窗口中键入。每个参数都用空格分开。如果参数包含空格，就可以用双引号把参数括起来，这样才不会把这个参数解释为多个参数。

四、结构函数

结构类型可以在一个地方存储多个数据元素，但实际上结构可以做更多的工作。例如，除了数据，结构还可以包含函数。例如，考虑以下结构：

```
struct CustomerName
{
    public string firstName, lastName;
}
```

如果变量类型是 CustomerName，并且要在控制台上输出一个完整的姓名，就必须使用姓、名构成该姓名。例如，对于 CustomerName 变量 myCustomer，可以使用下述语法：

```
CustomerName myCustomer;
myCustomer. firstName = "John";
```

myCustomer.lastName = "Franklin";

WriteLine ($" {myCustomer. firstName} {myCustomer. lastName}");

把函数添加到结构中，就可以集中处理常见任务，从而简化过程。可以把合适的函数添加到结构类型中，如下所示：

```
struct CustomerName
{
    public string firstName, lastName;
    public string Name () => firstName + " " + lastNaine;
}
```

上述代码没有使用 static 修符，现在知道该关键字不是结构函数所必需的，这个函数的用法如下所示：

```
CustomerName myCustomer;
myCustomer.firstName = "John";
myCustomer.lastName = "Franklin";
WriteLine(myCustomer.Name());
```

这个语法比前面的语法简单得多，也更容易理解。注意，Name() 函数可以直接访问 firstName 和 lastName 结构成员。在 customerName 结构中，它们可以被看成全局成员。

五、函数的重载

在调用函数时，必须匹配函数的签名。这表明，需要有不同的函数操作不同类型的变量。函数重载允许创建多个同名函数，每个函数可使用不同的参数类型。例如，前面使用了下述代码，其中包含函数 MaxVaIue()：

```
class Program
{
    static int MaxValue(int[] intArray)
    {
        int maxVal = intArray[0];
        for (int i = 1; i < intArray.Length; i++)
        {
            if (intArray[i] > maxVal)
                maxVal = intArray[i];
        }
        return maxVal;
    }
    static void Main(string[] args)
```

```
        {
            int[] myArray = { 1, 8, 3, 6, 2, 5, 9, 3, 0, 2 };
        int maxVal = MaxValue(myArray);
        WriteLine($"The maximum value in myArray is {maxVal}");
        ReadKey();
        }
    }
```

这个函数只能用于处理 int 数组。可为不同的参数类型提供不同名称的函数，如把上述函数重命名为 IntArrayMaxValue()，添加诸如 DoubleArrayMaxValue() 的函数处理其他类型。还有一种方法，即在代码中添加如下函数：

```
    static double MaxValue(double[] doubleArray)
    {
        double maxVal = doubleArray[0];
            for (int i = 1; i < doubleArray.Length; i++)
            {
                if (doubleArray[i] > maxVal)
                    maxVal = doubleArray[i];
            }
            return maxVal;
    }
```

这里的区别是使用了 double 值。函数名称 MaxValue() 是相同的，但其签名是不同的。这是因为如前所述，函数的签名包含函数的名称及其参数。用相同签名定义两个函数是错误的，因为这两个函数的签名不同，所以没有问题。

注意：函数的返回类型不是其签名的一部分，因此不能定义两个仅返回类型不同的函数，它们实际上有相同的签名。

添加了前面的代码后，现在有两个版本的 MaxValue()，它们的参数是 int 和 double 数组，分别返回 int 或 double 类型的最大值。

这种代码的优点是不必显式地指定要使用哪个函数。只需提供一个数组参数，就可以根据使用的参数类型执行相应的函数。

此时，应注意 VS 中 IntelliSense（智能感知）的另一项功能。如果在应用程序中有上述两个函数，而且要在 Main() 或其他函数中键入函数的名称，IDE 就可以显示出可用的重载函数。如果键入下面的代码：

double result = MaxValue()

IDE 就会提供两个 MaxValue () 版本的信息，可使用上下箭头键在其间滚动。

在重载函数时，应包括函数签名的所有方面。例如，有两个不同函数，它们分别带有值参数和引用参数：

```
static void ShowDovible (ref int val)
{
  …
}
static void ShowDouble(int val)
{
  …
}
```

选用哪个版本完全根据函数调用是否包含 ref 关键字确定。下面的代码将调用引用版本：

```
ShowDouble(ref val)
```

下面的代码调用值版本：

```
ShowDouble(val);
```

此外，还可以根据参数的个数等区分函数。

六、委托

委托 (delegate) 是一种存储函数引用的类型。委托最重要的用途在本书后面事件和事件处理中介绍。委托的声明非常类似于函数，但不带函数体，且要使用 delegate 关键字。委托的声明指定了一个返回类型和一个参数列表。

定义了委托后，就可以声明该委托类型的变量。接着把这个变量初始化为与委托具有相同返回类型和参数列表的函数引用。之后，就可以使用委托变量调用这个函数。

有了引用函数的变量后，就可以执行无法用其他方式完成的操作。例如，可以把委托变量作为参数传递给一个函数，这样，该函数就可以使用委托调用它引用的任何函数，而且在运行之前不必知道调用的是哪个函数。下面的示例使用委托访问两个函数中的一个。

```
class Program
{
    delegate double ProcessDelegate (double paraml, double param2);
    static double Multiply (double paraml, double param2) => paraml * param2;
    static double Divide(double paraml, double param2) => paraml / param2;
    static void Main(string[] args)
    {
        ProcessDelegate process;
        WriteLine(" 用逗号分开，输入两个数：");
        string input = ReadLine();
        int commaPos = input.IndexOf(',');
```

```
        double paraml = ToDouble(input.Substring(0, commaPos));
        double param2 = ToDouble(input.Substring(commaPos + 1,
                                    input.Length – commaPos – 1));
        WriteLine(" 输入 M 两数相乘，D 两数相除: ");
    input = ReadLine();
    if (input = "M")
        process = new ProcessDelegate(Multiply);
    else
        process = new ProcessDelegate(Divide);
    WriteLine($" 结果 : {process(paraml, param2))}");
    ReadKey() ;
    }
}
```

执行程序，显示结果：

用逗号分开，输入两个数：

7.2,6.3

输入 M 两数相乘，D 两数相除：

结果 :45.36

示例说明：

这段代码定义了一个委托 ProcessDelegate，其返回类型和参数与函数 Multiply() 和 Divide() 相匹配。注意 Multiply() 和 Divide() 方法使用了 C# 引入的 =>(Lambda 箭头)：

```
static double Multiply(double paraml, double param2) => paraml * paraxn2;
```

委托的定义如下所示：

```
delegate double ProcessDelegate(double paraml, double param2);
```

delegate 关键字指该定义是用于委托的，而不是用于函数的 (该定义所在的位置与函数定义相同)。接着，该定义指定 double 返回类型和两个 double 参数。实际使用的名称可以是任意的，可以给委托类型和参数指定任意名称。这里委托名是 ProcessDelegate，double 参数名是 param1 和 param2。

Main() 中的代码首先使用新的委托类型声明一个变量：

```
static void Main(string[] args)
```

```
ProcessDelegate process;
```

先用标准的 C# 代码请求输入由逗号分隔的两个数字，并将这些数字放两个 double 变量中：

```
WriteLine (" 用逗号分开，输入两个数: ");
```

```
string input =ReadLine();
```

```
int commaPos = input.IndexOf(',') ;
```

```
double paraml = ToDouble(input.Substring(0, commaPos));
```

```
double param2 = ToDouble(input.Substring(commaPos + 1,input.Length – commaPos – 1));
```

注意：为说明问题，这里没有验证用户输入的有效性。如果这些是"现实中的"代码，就应花费更多时间确保在局部变量 paraml 和 param2 中得到有效的值。

接着询问用户，这两个数字是要相乘还是相除：

```
WriteLine(" 输入 M 两数相乘，D 两数相除：");
```

```
input = ReadLine();
```

根据用户的选择，初始化 process 委托变量：

```
if (input == "M")
    process = new ProcessDelegate(Multiply);
else
    process = new ProcessDelegate(Divide);
```

要把一个函数引用赋给委托变量，类似于给数组赋值，必须使用 new 关键字创建一个新委托。在这个关键字的后面，指定委托类型，提供一个引用所需函数的参数，这就是 Multiply() 或 Divide() 函数。注意这个参数与委托类型或目标函数的参数匹配，这是委托赋值的独特语法，参数是要使用的函数名且不带括号。

实际上，这里可以使用略微简单的语法：

```
if (input == "M")
    process = Multiply;
else
    process = Divide;
```

编译器会发现，process 变量的委托类型匹配两个函数的签名，于是自动初始化一个委托，可以自行确定使用哪种语法。但一些人喜欢使用较长的版本，它更容易看出会发生什么。

最后，使用该委托调用所选的函数。无论委托引用的是什么函数，该语法都是有效的：

```
{
    WriteLine($" 结果：{process(paraml, param2)}") ;
    ReadKey();
}
```

这里把委托变量看成一个函数名。但与函数不同，人们还可以对这个变量执行更多操作。例如，通过参数将其传递给一个函数，如下所示：

```
static void ExecuteFunction(ProcessDelegate process)
        => process (2.2, 3.3)。
```

　　就像选择一个要使用的"插件"一样，通过把函数委托传递给函数，就可以控制函数的执行。例如，一个函数要对字符串数组按照字母进行排序。对列表排序有几个不同的方法，它们的性能取决于要排序的列表特性。使用委托可以把一个排序算法函数委托传递给排序函数，指定要使用的函数。

第四章　面向对象的 C# 编程技术

面向对象程序设计方法，是目前使用最广泛的程序设计方法。C# 语言是最新的真正面向对象的程序设计语言。本章首先介绍面向对象编程方法的产生背景及相关概念，然后，针对使用 C# 语言进行面向对象程序设计的基本方法做具体介绍。主要内容是面向对象的基本概念和特征；面向对象的基本概念——对象、消息、类；面向对象的基本特征——封装性、继承性和多态性。

第一节　从结构化程序设计到面向对象

程序设计是指设计、编制和调试程序的方法和过程，它是软件开发过程的重要阶段，是软件系统的具体实现。在程序设计过程中，选择一个良好的程序设计方法有助于提高程序设计的效率，保证程序可靠性，增强程序可扩充性以及提高程序的可维护性。目前，程序设计的方法有很多种，结构化和面向对象是两种比较成熟的、应用比较广泛的方法。

一、结构化程序设计产生的背景

结构化程序设计在 20 世纪 70 年代开始广泛应用，其产生的原因与计算机的迅速发展密不可分。自从 1946 年第一台计算机诞生以来，计算机就以其惊人的速度向前发展。由于早期的计算机价格昂贵，处理能力有限，使计算机应用范围十分狭窄。当时的计算机只能识别机器指令，计算机编程是很专业、很复杂的事情，具有这种能力的人少之又少。这种情况造成了从接受任务、分析设计到编写、调试程序，以致最终的维护程序均由一个人完成，程序编写人员往往根据自己的喜好编写程序，使软件开发的过程没有任何规范可言。

随着计算机技术的不断发展，计算机的价格逐渐下降，计算机已经进入普通百姓的生活，同时，计算机的处理能力也呈几何级数增长。计算机语言从开始的机器语言发展为比较通俗易懂的高级语言，程序设计的过程相对简化，出现了较多的程序设计人员。在这种情况下，计算机软件不能仅局限于程序的开发，程序设计过程越来越复杂，仅一个编程人员很难完成一个软件的开发工作，需要团队人员分工合作进行。以往个人包揽程序设计、维护全过程的现象几乎不再出现。人们开始意识到应将程序设计过程纳入科学化、规范化的轨道,并提出了结构化程序设计方法的概念。尽管实践证明结构化程序设计方法存在诸多缺憾,但是它在程序设计发展中发挥过重要的作用。

二、结构化程序设计方法

结构化程序设计方法是 20 世纪 70 年代和 80 年代十分流行的程序设计方法,总的指导思想是自顶向下、逐步求精,基本原则是抽象和功能分解。结构化方法围绕处理功能的实现"过程"构造软件系统,特别适用于需求能够预先确定的系统开发。其结构化主要体现在三个方面。

1. 自顶向下、逐步求精:将程序的编写过程看做是逐步演化的过程。自顶向下、逐步求精是将分析问题的过程划分为若干层次,每一个新的层次都是上一个层次的细化,即步步深入、逐层细分。

2. 模块化:将整个系统分解成若干个模块,每个模块实现特定的功能,最终的系统由这些模块组成。模块之间通过接口传递信息,力求模块具有良好的独立性。可以将模块看作系统实施自顶向下、逐步求精后形成的各个子系统的实现。每一个模块实现一个子系统的功能,如果一个子系统更进一步地被分为几个子系统,则它们之间也将形成上下层的关系,上层模块的功能仍需调用下层模块实现。

3. 语句结构化:结构化程序设计要求,在每一个模块中只允许出现顺序、分支和循环三种流程结构的语句,这三种流程结构的语句的共同特点是:每种语句都只有一个入口和一个出口,能够保证程序的良好结构、准确检验程序的正确性。

结构化程序设计方法能有效地将各种复杂的任务分解为一系列相对容易实现的子任务,有利于软件开发和维护。但是,结构化程序设计与面向对象程序设计方法比较,存在的主要问题是:程序的数据和对数据的操作相互分离,若数据结构改变,程序的大部分甚至所有相关的处理过程都要进行修改。因此,对于开发大型程序具有一定的难度,软件的可重用性差,维护工作量大,不完全符合人类认识世界的客观规律。

三、面向对象程序设计方法

面向对象程序设计方法是指用面向对象的方法指导程序设计的整个过程。所谓面向对象是指以对象为中心,分析、设计及构造应用程序的机制。与结构化程序设计不同,当利用面向对象的方法求解问题时,观察问题的角度将定位于现实世界中存在的客体,并在解空间中用对象描述客体,用对象之间的关系描述客体之间的联系,用对象之间的通信描述客体之间的相互交流及相互驱动,从而达到问题域到解空间的直接映射,实现计算机系统对现实世界环境的真正模拟。

从分析问题的角度看,面向对象的编程方法和结构化程序设计方法完全不同。结构化程序设计主要注重各个功能操作之间的关系。这样的编程方法,在小的程序中还可以适用,因为这些不太复杂的程序中，功能操作并不十分繁多，且其关系比较明朗。但是，如果在一些大型程序中，各个模块之间关系错综复杂，结构化程序设计方法就不再适用。而面向对象的编程方法主要注重各个对象之间的关系，其分析问题角度与现实世界考虑问题的角度相一致，在大型软件的编写过程中，不会因为逻辑之间的问题而出现问题，从而使程序编写变得简单明了。

面向对象程序设计与以往各种程序设计方法的根本区别是程序设计的思维方法不同。它具有如下特点：

1. 面向对象程序设计直接描述客观世界中存在的事物（即对象）及事物之间的相互关系，它所强调的基本原则是直接面对客观事物本身进行抽象，并在此基础上进行软件开发，将人类的思维方式与表达方式直接应用在软件设计中。

2. 面向对象程序设计将客观事物看作具有属性和行为的对象，通过对客观事物进行抽象寻找同一类对象的共同属性（静态特征）和行为（动态特征），并在此基础上形成类。

3. 面向对象程序设计将数据和对数据的操作封装在一起，提高了数据的安全性和隐蔽性。

4. 面向对象程序设计通过类的继承与派生机制以及多态性特性，提高了软件代码的可重用性，从而大大缩减了软件开发的费用及软件开发周期，并有效地提高了软件产品的质量。

5. 面向对象程序设计的抽象性和封装特性，使对象以外的事物不能随意获取对象的内部属性，有效地避免了外部错误对内部所产生的影响，减轻了软件开发过程中查错的工作量，减小了排错的难度。

6. 面向对象程序设计较直观地反映了客观世界的真实情况，使软件设计人员能够将人类认识事物规律所采用的一般思维方法移植到软件设计中。

四、面向对象的基本概念

（一）对象

在现实世界中，对象是指客观存在的任何事物，如一辆汽车、一台电视，或者是一个计划等。要操作这些事物，只需要了解如何启动它们的功能，而不需要了解它们的内部设备结构。例如，开动一辆汽车，只要知道如何启动、转向、加速、刹车、停车等功能，而不必了解汽车为何能转向、停车等原理。将现实世界中的这种对象机制引入到程序设计当中，就产生了程序设计中对象的概念，对象是现实世界中的客体在程序中的具体体现。面向对象程序设计中用属性、方法和事件描述对象。

对象的属性：用于描述对象的静态数据特征。对程序设计来讲，属性是对象具有的数据（常量、变量等）。例如，汽车有车牌、质量、颜色等静态特征。"汽车.颜色=black"，表明该汽车的颜色属性为黑色。

对象的方法：描述对象的动态特征（具有的动作、行为）。程序中的函数称作方法。汽车的各种运行动作，如启动、加减速、停止、后退等动态特征，都是汽车对象的方法。如果

"汽车．停止"，该汽车执行停止的方法。

对象的事件：对象能够识别并做出反应的外部刺激。程序中每个对象都有一系列预先定义好的事件。例如，交通信号指挥灯会发出"红、黄、绿"等信号事件，汽车对象根据信号指示做出相应的方法，当出现红灯信号时，汽车识别后执行停止方法。

（二）类

类是具有相同属性和操作的一组对象集合，它为属于该类的全部对象提供了统一的抽象描述，其内部包括属性和操作两个部分。类的作用是用来创建对象的，对象是类的一个实例。例如，一个学校的学生管理系统，"学生"是一个类，有姓名、学号、性别、年龄、班级等属性，同时还具有注册、选课、实验预约等操作。一个具体的学生，如"张华"是这个类中的一个对象，也称为实例。

类是对象的抽象描述，对象是类的实例。犹如模具与铸件之间的关系，类是创建对象的模板，对象则是按模板生产出来的产品。在进行程序设计时，可以使用系统为设计者提供的类，产生需要的对象，或者是设计者自己创建类，再生成对象。.NET 提供了丰富的类，为程序设计带来极大的方便。例如，界面的设计、文件读 / 写、图形绘制等，都有相应的类。

（三）继承

继承是类之间的关系。这种关系为共享数据和操作提供了良好的机制。通过继承，一个类可以基于另外一个已经存在的类而产生（派生），派生出来的类可以继承已有的全部内容，并且可以在此基础上进行扩展或覆盖。利用继承机制可以大大提高程序的可重用性和扩展性。

（四）消息

消息是一个对象要求另一个对象实施某项操作的请求。消息传递是对象之间相互联系的唯一途径。发送者发送消息，接收者通过调用相应的方法响应消息，这个过程被不断地重复，使整个应用程序能够在有效控制下运行，最终得到相应的结果。

五、面向对象方法的三个基本特征

所有面向对象程序设计具有三个共同的基本特征：封装性、继承性和多态性。

（一）封装性（Encapsulation）

封装性指将对象的属性和行为代码封装在对象的内部，形成一个独立的单位，并尽可能隐蔽对象的内部细节。

面向对象方法的封装性具有以下特点：

（1）封装性使对象以外的事物不能随意获取对象的内部属性，有效地避免了外部错误对它产生的影响，大大减轻了软件开发过程中查错的工作量，减小了排错的难度。

（2）封装性使程序需要修改对象内部的数据时，减小了因为内部修改对外部的影响。

（3）封装性使对象的使用者与设计者可以分开，使用者不必知道对象行为实现的细节，而只使用设计者提供的外部接口即可。

（4）封装性事实上隐蔽了程序设计的复杂性，提高了代码重用性，降低了软件开发的难度。

（5）面向对象程序设计方法的信息隐蔽作用体现了自然界中事物的相对独立性，程序设计者与使用者只需关心其对外提供的接口，而不必过分注意其内部细节，即主要关注能做什么、如何提供这些服务等。

（二）继承性（Inheritance）

在面向对象程序设计中，把由既有类（父类）派生出新类（子类）的现象称为类的继承机制，也称为继承性。利用问题和事物的相似性，通过类的（多层）继承机制，它可以使用现有类的所有功能，并在无须重新编写原来的类的情况下对这些功能进行扩展，以达到降低软件开发难度和重用已有对象的属性和方法的目的。

继承意味着派生类中无须重新定义在父类中已经定义的属性和行为，而是自动地、隐含地拥有其父类的全部属性与行为。继承机制允许和鼓励类的重用，派生类既具有自己新定义的属性和行为，又具有继承下来的属性和行为。当派生类被它更下层的子类继承时，它继承的及自身定义的属性和行为又被下一级子类继承下去。继承是可以传递的，符合自然界中特殊与一般的关系。通过类的继承，能够实现对问题的深入抽象描述，反映人类认识问题的发展过程或自然发展。

继承的实现方式有三类：实现继承、接口继承和可视继承。实现继承是指使用基类的属性和方法而无须额外编码的能力；接口继承是指仅使用属性和方法的名称，但是子类必须提供实现的能力；可视继承是指子窗体（类）使用基窗体（类）的外观和实现代码的能力。

（三）多态性（Polymorphism）

面向对象程序设计的多态性指父类中定义的属性或行为，被派生类继承之后，可以具有不同的数据类型或表现出不同的行为特性。例如，类中的同名函数可以对应多个具有相似功能的不同函数，可使用相同的调用方式调用具有不同功能的同名函数。

多态性使同一个属性或行为在父类及其各派生类中具有不同的语义，面向对象的多态特性使软件开发更科学、更方便和更符合人类的思维习惯，能有效地提高软件开发效率，缩短开发周期，提高软件可靠性，使所开发的软件更科学。

多态性分为两种，一种是编译时的多态性，一种是运行时的多态性。

编译时的多态性：编译时的多态性是通过重载实现。对于非虚的成员来说，系统在编译时，根据传递的参数、返回的类型等信息决定实现何种操作。

运行时的多态性：运行时的多态性是指直到系统运行时，才根据实际情况决定实现何种操作。C#中运行时的多态性是通过覆写虚成员实现的。

第二节　面向对象中的类和对象概念

一、类的定义

类是 C# 中复合引用类型的数据结构，是组成 C# 程序的基本要素。从形式上看，C# 中的类与 C 语言中的结构相似。下面通过一个简单的示例，将 C# 中的类和 C 中的结构进行简单的对比分析。

用 C 语言中结构的方法，定义和初始化某一个学生的基本信息，所谓初始化，就是对定义的结构属性进行赋值。

定义一个类的格式，通常由五个部分组成：

[访问修饰符]class 类标识符 [基类或接口]

{ 类体 ;}

1.访问修饰符：访问修饰符定义类的访问权限，不同的访问权限对应于不同的对类的访问操作，它指定了从哪一范围，如其他程序集、同一程序集、包含类或包含类的派生类中访问该类。表 4-1 列出了类所使用的访问修饰符。C# 中类的默认访问修饰符是 internal。

表 4-1　类的访问修饰符

修饰符	说　明
public	可从任何程序集访问该类，对该类的访问不限制
protected	仅应用于嵌套类，只有包含类或包含类的派生类能进行访问
internal	同一程序集中的所有对象能访问该类
private	仅应用于嵌套类，只有包含类能进行访问
protected internal	当前程序集或包含类派生的类能访问

如果类 B 中嵌套有类 A 的声明，类 B 称为类 A 的包含类，而类 A 称为类 B 的嵌套类。基类的访问权限对派生类有限制作用，派生类的访问权限不能超过基类，即基类至少要与派生类具有相同的访问权限。例如，下述语句产生了错误：

class student　// 此时默认为 internal

public pupil：student　// 错误

错误的原因在于，基类的 student 访问权限低于派生类 pupil。

另外，C# 提供了三个可用于类的修饰符（表 4-2）。

表 4-2　类的其他修饰符

修饰符	说　明
abstract	表示一个抽象类，该类含有抽象成员，因此不能被实例化，只能用做基类
sealed	表示这是一个密封类，不允许被继承，不能从这个类再派生出其他类。密封类不能同时为抽象类
static	指定该类只包含静态成员（.NET 2.0）

2.class：声明类的关键字。

3. 类标识符：要定义的类的名称，可以由任意符合规范的字符串或者数字组成。通常使用名词或名词短语，类名用大写字母开头的单词组合而成（采用 Pascal Case 表示法）。注意不要以关键字定义类名。

4. 基类或接口列表 base-list：如果正在定义的类需要从另一个类中继承所有的成员，被继承的类就是基类，基类或接口列表在定义继承操作时使用，用来声明派生类或某一类所继承的基类和接口。C# 中类是单继承的，至多只能继承一个类，但是对于接口则没有限制，可以通过继承多个接口实现继承多个特性。

5. 类的主体 class-body：或称为类体，类体封装了数据成员、函数成员和嵌套类。数据成员包括：常量（Constants）、字段（Fields）和事件（Events）；函数成员包括：方法（Methods）、属性（Attributes）、索引（Indexes）、运算符（Operators）、事件（Event）、构造函数（Struct Function）、析构函数（Unstruct Funtion）、静态构造函数（Static Struct Function）等。

下面的例子是用 C# 中的类来实现同样的功能。

```
class student
{
    public string name ;      // 姓名
    public char gender ;      // 性别
    public int age ;          // 年龄
    public int statur ;       // 身高
    public int weight ;       // 体重
    public void set_data(string na，char s，int a，int sta，int wei)
    {
        name=na ;
        gender=s ;
        age=a ;
```

```
            statur=sta ;
            weight=wei ;
        }
    }
class Program
    {
        static void main(string[ ] args)
        {
            student s1=new student() ;
            student s2=new student() ;
            s1.set_data(" 张三 ", 'F', 16，155，45) ;
            s2.set_data(" 李四 ", 'M'、16，165，55) ;
            Console.WriteLine(（s1.name) ;
        }
    }
```

上面程序中，定义了一个学生类，在类中包含了姓名、性别、年龄、身高、体重五个属性。同时，在类中定义了一个方法，在主函数中，对两个具体学生张三和李四的属性进行了初始化，并且在控制台上输出张三的姓名。

首先，通过上面的示例，类和结构的说明中都同样包含了基本属性的设置，如实例中的姓名、性别、身高等属性的定义。其次，类和结构都是一个抽象的结果，可以用于描述具有共有特性的一类事物，但是不能描述具体个体，如果需要描述个体，需要进行实例化。结构的属性中只有数据，而在类中可以包含函数，如程序中的函数 set_data()。

二、类的成员概述

（一）类的成员

按照类成员的来源，可以把类成员分为两部分：一部分是由类体以类成员声明形式引入的类成员；另一部分是直接从它的基类继承而来的成员。由类体以类成员声明形式引入时，类的成员根据其作用，可以分为数据成员（表4-3）和函数成员（表4-4）。

表4-3 类的数据成员

项　目	说　明
常量（Constants）	与类相关的常数数据（固定值）的变量
字段（Fields）	与类或对象相关的变量

表4-4 类的函数成员

项 目	说 明
方法（Methods）	类中的成员函数，实现该类执行的运算或操作
属性（Attributes）	定义了命名的属性以及读写域性的相关行为
索引（Indexes）	允许类的实例通过与数组相同的方法索引
运算符（Operators）	定义了可以用于类的实例表达式操作
事件（Event）	定义了由类产生的事件公告，说明发生的事情
构造函数（Struct Function）	对类的实例进行初始化的操作
析构函数（Unstruct Function）	在类的实例销毁前执行与资源释放相关的操作
静态构造函数（Static Struct Function）	用于规定初始化类自身时需要进行的操作

（二）类的成员声明

运算符不必声明。C#中规定构造函数与类是同名的，而析构函数是类名前加符号 ~，静态构造函数为构造函数前加 static，因此，C#中需要定义或声明的为：字段、常量、方法、属性、事件。需要注意的是，不要定义公共实例字段或受保护实例字段。

在进行类的成员声明时，除了遵循 C# 的一般命名规则外，对方法、属性和事件的声明还有其特殊要求，以增加程序的可读性和可维护性。

进行方法的声明时，通常采用 Pascal Case 表示法进行命名，并使用动词或动词短语作为方法的名称。方法对数据进行操作，因此，使用动词描述方法的操作更易于了解方法所执行的操作。方法的声明应从开发人员的角度选择明确的名称，不要使用方法的实现细节作为方法名称。

进行属性的声明时，通常采用 Pascal Case 表示法进行命名，并使用名词、名词短语或形容词作为属性的名称。为了明确具体执行的操作，不要使用与 get 方法同名的属性。使用肯定性短语作为布尔值属性的名称。

进行事件声明时，通常采用 Pascal Case 表示法进行命名，使用动词或动词短语作为事件的名称，并且使用现在时或过去时表示时间的前后概念。

此外，对类的成员声明时还要注意以下三点：

（1）类的其他成员不得与类同名或类名前加符号"~"。

（2）类中的常量、字段、属性、事件成员不能与类的其他成员同名。

（3）类中的方法成员不能与类中其他成员同名。

（三）类的成员可访问性

类的每个成员都有关联的可访问性，它控制能够访问该成员的程序区域。在 C# 中，有四种可能的可访问性（表4-5）。

表 4-5　类成员的访问性

可访问性	描　述
public	访问不受限制，定义的成员可由类的外部访问
protected	访问仅限包含类或从包含类派生的类
internal	访问仅限于当前程序集
private	访问仅限于包含类

如果在声明类的成员没有指定访问修饰符，则使用默认的访问性。类成员默认可访问性均为 private。

下面对三种修饰符做进一步的说明。由于使用类的目的是要对数据和函数进行封装，从而屏蔽一些无需用户了解的细节。因此，对类内部的数据和函数的使用就不能毫无限制。根据类的使用者不同，可以将类的用户分为三种：类本身、一般用户和派生类。这时，对类的内部数据和函数的访问权限也分为三种：私有（private），公有（public）和保护（protected），不同的权限，可以对类的内部数据进行不同的操作。

（1）类公有成员（public）：对于一般用户而言，使用类的成员或对象是主要目的，因此，必须能够存取类的数据成员和函数成员。为了使数据成员和函数成员在类的外部能够被访问，必须在类的定义时声明这些成员是公有成员。例如，程序中定义的学生类 student 中 name、gender、age，statur 和 weight 等变量，必须定义为 public 类型，才可以在后面主程序的输出语句 Console.WriteLine（s1.name）中直接调用或为一般用户不受任何限制地进行访问。

（2）类私有成员（private）：类私有成员是只有类本身可以访问的成员，也就是只能在类成员函数中被访问的成员。

（3）类保护成员（protected）：和私有成员类似，只能由包含它的类或其派生类访问，不能由类和派生类的外部进行访问。这样既可以方便派生类使用，又可以对外界隐藏封装。

（四）类的静态成员和实例成员

类的成员可以分为静态成员和非静态成员（实例成员）。一般在类里定义的成员是每个由此类产生的对象都拥有的，因此，称之为对象成员，但是，有时需要让类的所有对象在类的范围内共享某个成员，而这个成员不属于任何由此类产生的对象，它是属于整个类的，这种成员称之为静态成员。在 C# 中，使用关键字 static 修饰的类成员（包括字段、方法、属性、事件、操作符或构造函数）称为静态成员。而没有用关键字 static 修饰的类成员称为非静态成员，它们属于对象。由于静态成员属于类，因此对静态成员的访问必须通过类实现，静态成员的访问方式如下：

类名 . 成员名

静态成员具有如下特征：

（1）一个静态字段对应一个存储位置，不管其包含类创建了多少个实例，总是只有一个静态字段的备份。

（2）静态成员（包括方法、属性、事件、操作符或构造函数）不会对非静态成员进行操作，也不能使用 this（说明是当前类的对象，是指代码当前正在其中执行的实例）。

（3）静态成员属于类，因此可以在包含类的实例之间共享它们，若在本类中访问静态成员，则类名可以省略。例如，Console.ReadLine( )，其中 ReadLine( ) 就是类 Console 中的静态方法，可直接使用 ReadLine( )。

对于非静态字段，具有如下特征：类的每个实例分别包含一组该类的所有实例字段。类的每个实例都为每个实例字段建立一个副本。也就是说，类的每个实例字段的存储位置是不相同的；实例方法在类的给定实例上操作，此实例可以使用 this 访问。非静态成员通过包含类的实例访问。

下面的示例说明了静态成员和非静态成员的访问方法。

```
using System ;
class Class1
{
    public int x ;       // 定义非静态字段 x
    public static int y ;   // 定义静态字段 y
    public void Function1()    // 定义非静态方法 Function1()
    {
        Console.WriteLine("Function1 is a instance method") ;
    }
    Public static void Function2()    // 定义静态方法 Function2()
    {
        Console.WriteLine("Function 2 is a static method ！ ") ;
    }
}
class Class2
{
    static void Main()
    {
        Class1 obj1=new Class1() ;
        obj1.x=100 ;
        Class1.y=200 ;
        Console.WriteLine("x={0}，y={1}"，obj1.x，Class1.y);
```

```
        obj1.Function1()；
        Class1.Function2()；
    }
}
```

三、常量和字段

（一）常量

常量就是其值不能改变的字段，使用关键字 const 声明常量。常量也是类的成员之一，它表示一个常数值，即在编译时确定的值。虽然把常数当做静态成员，但常量的声明语句中不要求使用 static 修饰符，可以通过类访问常量。

常量声明的语法形式如下：

[常量修饰符]const 类型标识符 = 常数表达式 [, …]

其中：

常量修饰符 public、protected、internal、private。

类型 sbyte、byte、short、ushort、int、uint、long、ulong、char、float、double、decimal、bool、string、枚举类型或引用类型。

常量的标识符通常均为大写。

常量表达式的值类型应与目标类型一致，或者通过隐式转换规则转换成目标类型。例如：

```
class  A_const
{
    public const int X=1000；
    const double PI=3.1415926；      // 默认访问修饰符为 private
    const double Y=0.618+PI；
}
```

声明和访问常量的基本规则如下：

（1）可以在一条语句中使用关键字 const 声明多个常量，用逗号"，"隔开。

（2）声明的常量必须为基本数据类型。

（3）不能从类的实例访问常量，const 不允许使用 static 作访问修饰符，常量只能通过类进行访问。

如果一个值在整个程序运行中保持不变，并且在编写程序时就已经知道这个值，那么就应该使用常量。

（二）字段

字段是类的变量，类中的数据成员，用来存储类所需的数据信息。它可以声明为静态的，也可以声明为只读的（readonly）。当字段被声明为只读时，与声明为 const 的效果是一样的，区别在于只读型表达式是在程序运行时形成的，而 const 型表达式的值是在编译时形成的，字段的类型不仅限于基本类型。只读型字段可以通过构造函数赋值，但实例创建后则不能再对其进行赋值。

字段声明语法形式如下：

[字段修饰符] 类型字段声明列表；

其中：

字段声明列表：用逗号 "," 分隔的多个标识符以声明多个变量，并且字段标识符还可用赋值号 "=" 设定初始值。

例如：

```
class SimpleClass
{
    int x=123，y=265；
    float sum=86.0f；
}
```

修饰符可以是 public、protected、internal、private、static 和 readonly；字段类型可以是基本类型、用户自定义类型和其他类型。

例如：

```
class Calendar
{
    public static int year=2011；// 静态字段，属于类的成员
    public readonly int month；// 只读字段，实例创建后不能对其赋值
    public int day；
}
```

虽然字段是一种类变量，但是 C# 为每个未初始化的变量都确认一个默认值（引用类型为 null，值类型一般为 0，布尔值默认为 false），这在一定程度上保证了程序的安全性。C# 不再有全局变量的概念，但方法内部的局部变量必须初始化，否则会出现 "使用了未赋值的局部变量" 这种错误。

如果某个值在编写程序时不知道，当程序运行时才能得到，而且一旦得到这个值，值就不会再改变，那么就应该使用只读变量。

四、由类创建对象

对象是一类事物的具体实例。在 C# 语言中，通常必须将定义的类实例化成对象，才能通过对象使用类的变量、方法、函数等功能。

创建对象的具体格式如下：

```
class_name    identifier=new class_name( )；
```

或者分为两步：

class_name identifier ;

identifier=new class_name( ) ;

其中包括三个部分：

1. 类名 class_name：指出所创建的对象代表的类别，类名在创建对象时前后都有出现，其前后名称必须一致，并且后面的类名后要加小括号，代表一个类的实体。

2. 对象名 identifier：用来标识所创建对象的具体名称。

3. 关键字 new：用来说明创建的对象是类的一个新的对象实例。

前述例子中 main( ) 函数定义了两个学生类 student 的对象，其具体格式如下：

Student s1=new Student( ) ;

Student s2=new Student( ) ;

可以看出，student 是学生类的名称，s1 和 s2 是创建的对象的名称。也可将上述格式写为：Student s2；s2=new Student( ) ;

也是正确的。

在 C# 中，类是一种引用类型，因此在 C# 中不能直接用类定义对象，它定义的只是一个对象引用变量。一般使用 new 运算符动态创建一个对象，再将其赋值给一个对象引用变量。例如：

Point p1=new Point( ) ; // 指向一个动态创建的 Point 对象

Point p2=p1 ; //p1 和 p2 指向同一个 Point 对象

Point p3 ; // 不指向任何对象

创建了一个对象后，就可以通过对象，访问对象中包含的成员，其格式如下：

对象名称 . 成员名称

例如，Console.WriteLine（s1.name）；该语句中的 s1.name 就是直接使用对象 s1 中的 name 成员，即使用对象 s1 的姓名"张三"。

五、方法

方法（method）是进行运算和实现类的功能的，与 C/C++ 中的函数类似，在 C# 中，把这种函数称为方法。从功能上看，方法与常用的函数有些类似，但是两者间仍有些差别。下面从方法的声明、方法的参数、静态方法与实例方法、方法的重载与覆盖等方面进行介绍。

（一）方法的声明

方法的声明格式如下，由五个部分组成：

[方法修饰符] 返回值类型 方法名（[形式参数列表]）

{ 方法体 ;}

（1）访问修饰符：访问修饰符定义方法的访问权限。方法的访问修饰符以及其他修饰符主要有 new、public、protected、private、internal、static、virtual、abstract、override、 sealed、extern。其中，new、public、protected、private、static、internal、sealed 与在类和类的成员修饰符中的含义基本一致。方法的修饰符默认为 public。

访问修饰符可以进行组合。表 4-6 所列的组合被视为非法的无效组合。

表 4-6　无效的修饰符组合

修饰符	不能一起使用的选项	修饰符	不能一起使用的选项
static	virtual、abstract 和 override	abstract	virtual 和 static
virtual	static、abstract 和 override	new	override
override	new、static 和 virtual	extern	abstract

（2）返回值类型：方法的返回值是方法在操作完成后返还给调用它的环境数据，如有返回值，返回值都有相应的类型，返回值类型包括 bool、char、short、int、float、double 等类型，如没有返回值，则使用关键字 void 表示。

（3）方法有返回值时，方法体中必须有 return 语句，return 语句后跟相应的返回值。

（4）方法名：用来标识所定义的方法，方法名需要是一个有效的标识符。括号 () 是方法的标志，不可省略。

（5）形式参数列表：形式参数列表是一个由逗号分隔开的列表，用来定义方法体中用到的参数的名字和类型。在方法调用时必须为该方法定义的每个参数指定一个参数值，且这些参数值必须与定义时的类型相同。这个列表可以有，也可以没有，即当形式参数列表为空时，外面的圆括号不能省略。形式参数列表的格式如下：

形参类型 1 形参名 1，形参类型 2 形参名 2，……。

方法名和参数列表合起来称为方法签名。

（6）方法主体：用来描述方法要实现的功能。

如果在方法体中需要调用变量参数，那么就要在参数列表中进行定义。下面看程序中方法 SetData() 的定义过程：

```
void SetData(string na，char s，int a，int sta，int wei)
{
    name=na ;
    gender=s ;
    age=a ;
    statur=sta ;
    weight=wei ;
}
```

首先，定义方法为无返回值类型 void，定义方法名为 SetData；其次，定义方法列表，表中包含五个变量的名称和类型；最后，定义了方法的主体，主要实现赋值功能。

当调用方法时，在返回类型、参数个数、参数顺序以及参数类型等方面实现精确匹配。方法的调用分为类的定义内部和外部。在方法声明的类定义中调用该方法，实际上是由类定义内部的其他方法成员调用该方法，其语法格式为如下：

方法名（参数列表）

在方法声明的类定义外部调用该方法，实际上是通过类声明的对象调用该方法，其语法格式如下：

对象名.方法名（参数列表）

此外要注意：方法必须在类体内定义，在类外定义的方法是错误的；参数列表中每个参数对应一个参数类型，不能将相同类型的参数一起定义，如程序中参数如果这样定义 int a，sta，wei 将会出现错误；向方法传递和定义参数类型不一致的参数将产生错误。Main() 是为开始执行程序而预留的方法。

（二）方法的参数类型

在方法声明中使用的参数叫形式参数（形参），在调用方法中使用的参数叫实际参数（实参）。在调用方法时，参数传递就是将实参传递给形参的过程。在 C# 中，实参与形参有四种传递方式。

1.值参数

值参数就是参数是值类型的。在方法声明时不加任何修饰符声明的形参就是值参数，它表明实参与形参之间按值传递。这种传递方式的优点是，在方法中对形参的修改不影响外部的实参，即值参数相当于局部变量，它的初始值从实参获得。对值参数的修改不会影响其对应的实参。

如果方法的参数为数值类型时，传递的方式主要分为两种：传值和传址。这两种方式最大的差异在于：当一个参数以传值的方式传递时，变量的值即使在方法中被改变，它本身还是维持一开始传入的值，值参数就是传值方式；而以传址方式传入的变量，当方法将其改变的时候，此变量的值便永远被更改，C# 默认以传值方式传递参数。数值类型一般是以传值方式进行传递的，如果要改变这种行为，用传址方式传递参数，必须使用 ref 和 out 关键字进行修饰。如果参数本身就是引用类型的（string 类型除外），不需要加 ref 和 out 关键字，它们的传递也是采用传址方式的。

2.引用型参数

如果调用一个方法，期望能够对传递给它的实际变量进行操作，用 C# 默认的传值方式传递是不可能实现的。因此，C# 用 ref 修饰符解决此类问题，它告诉编译器，实参与形参的传递方式是引用。

按引用传递是指实参传递给形参时，不是将实参的值复制给形参，而是将实参的引用传递给形参，实参与形参使用的是内存中的值。这种参数传递方式的特点是形参的值发生改变时，同时也改变实参的值。基本类型参数按引用传递时，实参与形参前均需使用 ref 关键字修饰。在方法中，引用型参数通常已经初始化。类对象参数总是按引用传递的，因此类对象参数传递不需要使用 ref 关键字。例如：

```
using System ;
class Zoo
{
    private int street Number=123 ;
    private string street Name="HighStreet" ;
    private string city Name="Sammamish" ;
    public void GetAddress(ref int number，ref string street，ref string city)
    {
            number=street Number ;
            street=street Name ;
            city=city Name ;
    }
}
class Class Main
{
    static void Main(string[ ] args)
    {
        Zoo IocaiZoo=new Zoo() ;
        int zooStreetNumber=0 ;
        string zooStreetName=null ;
        string zooCity=null ;
        localZoo.GetAddress(ref zooStreetNumber，ref zooStreetName，ref zooCity) ;
        if(zooCity= ="Sammamish")
                {Console.WriteLine("City name was changed!") ; }
    }
}
```

运行后，在控制台上输出为

City name was changed！

使用 ref 时请注意以下三点：

（1）ref 关键字仅对跟在它后面的参数有效，而不能应用于整个参数表。

（2）在调用方法时，用 ref 修饰实参变量，因为是引用参数，所以要求实参与形参的数据类型必须完全匹配，而且实参必须是变量，不能是常量或表达式。

（3）在方法外，ref 参数必须在调用之前明确赋值，在方法内，ref 参数被视为已赋过初始值。

3. 输出参数

若希望从函数中返回多个值，就要使用输出参数 out 关键字。在参数前加 out 修饰符称为输出参数，它与 ref 参数相似，但，它只能用于从方法中传出值，而不能从方法调用处接收实参数据。在方法内 out 参数被认为是未赋过值的，所以在方法结束之前应该对 out 参数赋值。

因此将使用 ref 例子的代码做如下部分修改，输出结果不变：

```
using System ;
class Zoo
{
    …
    public void GetAddress(out int number，out string street，out string city)
    …
}
class ClassMain
{
    …
    int zooStreetNumber ;
    string zooStreetName ;
    string zooCity ;
    localZoo.GetAddress(out zooStreetNumber，out zooStreetName，out zooCity）;
    …
}
```

4. 参数数组

一般而言，调用方法时实参必须与该方法声明的形参在类型和数量上相匹配，但有时更希望灵活一些，C# 提供了传递可变长度参数表的机制，使用 params 关键字指定一个可变长的参数表。数组可以作为方法的参数，需要在定义方法和使用方法时创建数组。例如：

```
public class ParamExample
{
    public int sum(int[ ] list){…} ;
    static void Main()
    {
        int [ ]tester={1，2，3，4，5，6}
        int total=sum(tester) ;
    }
}
```

使用 params 关键字，可以不用创建数组，具体实现如下：

```
public class ParamExample
{
        public int sum(int a，int b，params int[ ] list){…}；
        static void Main()
        {
            int total=sum(1，2，3，4，5，6，7)；
        }
}
```

使用 params 关键字，需要注意以下几点：

（1）params 关键字只能修饰一维数组，params 数组必须是最后一个参数。

（2）不能仅基于 params 关键字重载方法（只有 params 也不可）。例如：

```
public static int Min(int[ ] array)；
public static int Min(params int[ ] array)；
```

编译时会提示错误：

error CS0111：已经定义了一个具有相同参数类型的名为"Min"的成员。

（3）不允许对 params 数组使用 ref 和 out 关键字。

（4）类型转换规则适用于 params 参数。

（5）没有使用 params 数组的方法比使用了 params 数组的方法优先级高。

（6）编译器可以检测并拒绝具有潜在两义性的重载。例如：

```
public static int Min(params int [ ] array)；
public static int Min(int a，params int [ ] array)；
```

编译时会提示错误：

errorCS0121：在以下方法或属性之间的调用不明确。

（三）静态方法与实例方法

方法可分为静态方法和实例方法（非静态方法），静态方法声明中含有 static 关键字。

静态方法是不向调用它的对象施加操作的方法，所以不能用静态方法访问实例字段，但是可以用静态方法访问类中的静态成员。使用"类名.方法名"调用静态方法，一般认为通过对象调用静态方法是合法的。但是，由于静态方法计算或操作的结果与调用它的任何对象都没有关系，用对象调用静态方法很容易让人感觉混乱，因此使用"类名.方法名"调用静态方法，认为静态方法是属于类的，并且调用静态方法时不必创建类的实例。例如：

```
classSwap
{
    public static void MySwap(ref int a，ref int b)
    {
```

```
        int temp ;
        temp=a ;
        a=b ;
        b=temp ;
    }
}
class Program
{
    static void Main(string [ ] args)
    {
        Swap sw=new Swap()
        int a=7, b=9 ;
        Swap.MySwap(ref a, ref b) ;
        sw.MySwap(ref a, ref b) ; // 错误，静态方法不能使用实例调用
    }
  }
}
```

再例如：

```
class StaticSimple
{
    int a ;
    static int b :
    static int Function()
    {
        a=123 ; // 静态方法中不能使用非静态成员
        b=126
    }
}
```

这段程序在编译时会提示：

非静态的字段、方法或属性要求的对象引用的出错信息。这是由于静态方法是类所共享的，无法判断当前的 a 属于哪一个类的实例，也就无法读取当前 a 的值。而对于静态成员 b，它是为类的所有公用的副本，因此可以实现对它的读取。

通常在以下两种情况下使用静态方法：

（1）该方法不需要访问对象的状态，其所需的参数都通过显示参数提供（如 Math.Pow 方法）。

（2）该方法只需要访问类的静态字段。

静态方法和实例方法比较见表4-7。

表 4-7　静态方法和实例方法比较

静态方法	实例方法
static 关键字	不需要 static 关键字
使用类名调用	使用实例对象调用
可以访问静态成员	可以直接访问静态成员
不可以直接访问实例成员	可以直接访问实例成员
不能直接调用实例方法	可以直接访问实例方法、静态方法
调用前初始化	实例化对象时初始化

（四）方法的重载

方法的重载是指在 C# 语言中，允许在同一个类中定义具有相同名字的几个方法，只要这些方法具有不同的参数设置（包括不同的参数数目、不同的参数类型或者不同的参数顺序，即方法签名不同）即可。当程序中的方法被调用时，C# 编译器会通过检查调用者使用的参数的数目、类型和顺序匹配确切的方法。方法重载通常用来设计带有相同名字且执行相似任务的方法。当方法对不同数据类型进行操作时，方法的重载非常有用，因为方法的重载提供了对可用数据类型的选择，所以方法的使用更为容易。

第三节　面向对象的封装性实现概念

一、封　装

封装是面向对象方法的重要原则，是一种信息隐蔽技术，用户只能看到对象封装外部的信息，对象内部对用户是隐藏的。封装的目的在于将对象的使用者和设计者分开，使用者不必知道行为实现的细节，只需用设计者提供的消息访问该对象。

封装的定义为：一个清楚的边界，所有对象的内部软件的范围被限定在这个边界内；一个接口，这个接口描述该对象和其他对象之间的相互作用；受保护的内部实现，这个实现给出了由软件对象提供的功能的细节，实现细节不能在定义这个对象的类的外面访问。

C# 实现了完全意义上的面向对象：任何事物都必须封装在类中，或者作为类的实例成员，将数据成员和函数成员组合在一个单元中，进而体现了面向对象技术的封装性。

113

封装使对象能够向客户隐藏它们的实现（该原则称为信息隐藏），用户通过对象良好定义的接口使用它。而在 C# 中，编程单位是类。最终实例化（创建）这些类而得到对象，属性和行为作为字段和方法封装在类的"边界"内。

封装使用户可以控制使用数据和方法。可以使用访问修饰符（如 Private 或 Protected）防止外部执行类的方法或读取与修改属性和字段中的数据。当将类的内部详细信息声明为 Private 时可防止在类外使用它们，这称之为数据隐藏。封装的基本规则是类数据应当只能通过访问器或方法修改或检索。

二、属 性

属性是一种类成员，用来控制其他对象对本对象数据的访问方法，通过属性可以更有效地管理对类的成员访问。

属性（Properties）是字段的自然扩充，访问属性和访问字段的方法是一样的，但是，属性具有良好的封装性，属性可通过访问器读写或计算它们的值。get 和 set 语句是属性的访问器（Accessor），get 为获得属性，set 为设置属性。属性的格式分为四个部分：

```
[modifiers] type property_name
{
    get
    {
        // 获得属性的代码
    }
    set
    {
        // 设置属性的代码
    }
}
```

1. 访问修饰符 modifiers：与方法修饰符相同，包括 static、virtual、abstract、override 和四种访问修饰符的合法组合，它们遵循相同的规则。由于此定义通常用作对象对类中成员变量的使用，因此该修饰符通常为 public 类型。

2. 返回值类型 type：返回值类型修饰设置或者获得的属性的类型。其中 get 访问器的返回类型必须与属性类型相同，或者可以隐式转换成属性类型；程序中定义 name 的类型与成员变量 name 的类型相同，同为 string；set 访问器没有返回值，但它有一个隐式的值参数，其名称为 value，它的类型与属性的类型相同。

3. 属性名称 property_name：用来标识定义的属性。

4. 属性访问器：该部分是主体内容，每一个属性声明中，其主体至少含有 get 和 set 中的一个访问器，用来对属性进行操作；其中 get 获得属性，set 设置属性；如果属性声明中只包含一个 get 访问器，这样的属性称为只读属性，即对属性只能进行读操作；同样，如果属性声明中只包含一个 set 访问器，这样的属性称为只写属性，即对属性只能进行写操作。例如：

```
using System ;
namespace PropertyExample
{
    class Elephant
    {
        private decimal dailyConsumpnonRate ;
        public decimal DailyFoodIntake
        {
            get
            {
                return dailyConsumpuonRate ;
            }
            set
            {
                    if(valuedailyConsumptionRate-25)
                        Console.Writeline" 通知医疗中心 ") ;
                    else
                        dailyConsumptionRate=value ;
            }
        }
    }
    classZoo
    {
        static void Main(string [ ] args)
        {
            Elephant e=new Elephant() ;
            e.DailyFoodIntake=300M ;
        }
    }
}
```

　　程序中通过 DailyFoodIntake 属性，类使用者可间接访问 dailyConsumptionRate 变量，但类使用者无法直接访问该变量，所以安全性得到保证。类设计者可改变 dailyConsumptionRate 变量的类型，而 Elephant 对象的使用者不必修改它们的代码。

第四节　面向对象的继承性实现概念

一、继承的基本概念

继承是面向对象程序设计方法的一个重要特征，是类之间的一种关系。这种关系为共享数据和操作提供了一种良好的机制。通过继承，一个类的定义可以基于另外一个已经存在的类，新定义的类可以继承其全部内容，并且在此基础上进行扩展或覆盖。利用继承机制可以大大提高程序的可重用性和扩展性。

图4-1所示为一个校园社区的三级管理系统，从图中看到，一个校园社区分为教师和学生两个大类，而教师中又可以分为离退休的教师和在职的教师；学生分为新生、毕业生和研究生等。下面分析教师、学生和整个管理系统之间的关系。

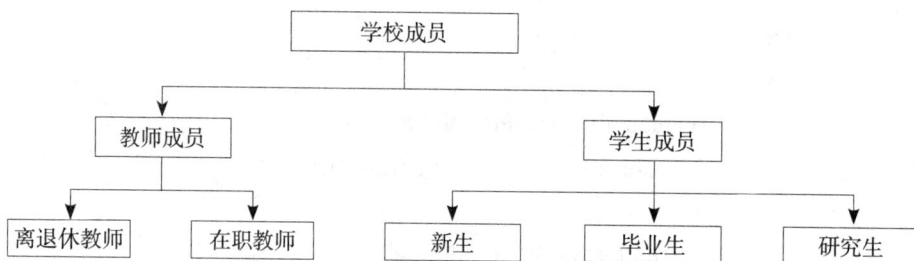

图 4-1　校园社区的三级管理系统

无论教师和学生，都是整个校园社区的成员。对于整个管理系统来说，都要包含其成员的姓名、性别、编号、所属单位等信息，但是作为教师这一类别，除了上述信息外，可能又多包含了职称、工资号、研究方向、学历等信息。作为学生这一类别，又可能多包含了年级、班级、成绩、专业等信息。对于下一级的分类可能又会包含更多的信息。

按照类的定义方法，可以将每一个框对应内容定义为一个类，即可以将一级的学校成员定义为一个类。二级成员：教师成员和学生成员也可以分别定义为一个类。第三级的离退休教师、在职教师、新生等也可以定义为一个类，甚至再有第四级、第五级的，也都可以分别定义为一个类。那么，这些类中的成员变量该如何定义呢？是不是每个类中都要全部定义其包含的所有成员变量呢？

按照上面的分析，针对这个三级的系统定义各个类中的成员变量。可以看到，第一级的学校成员类中要包含姓名、性别、编号、单位等四个成员变量；第二级的教师成员类中除了要包含第一级的姓名、性别、编号、单位外，还要包含自身特有的职称、工资号、研究方向、学历等四个成员变量，这样其共包含八个成员变量；第二级的学生成员类中除了要包含第一级的姓名、性别、编号、单位外，还要包含自身特有的年级、班级、成绩、专业等四个成员变量，其也是共包含八个成员变量。

通过这三个类的定义就可以看出，如果按照常规的类的定义方法，那么越往下面的级别，类中成员个数会越多，这样，不仅给程序员编写程序带来麻烦，对于程序后期的维护以及程序的运行都会带来影响。那么，可不可以在下一级的类中只定义自己特有的成员变量，而对于上一级公用的成员变量不加定义而直接使用呢？这样会大大减少类中成员变量定义的负担。

在面向对象程序设计中，可以将学校成员类定义为父类，将教师和学生定义为子类，就像现实生活中，子女即继承了父母的部分特性，又含有自己的特点一样，子类既继承了其父类的成员变量，又含有自己新的成员变量，大大节省了类中相同成员变量的重复定义。这也正是类的继承性的优势所在。

二、派生类的定义

父类和子类的概念，也可称为基类和派生类。所谓基类和派生类都是相对而言的，对于两个类来说，被继承的类叫做基类或者父类，而继承其他类的类叫做派生类或者子类。例如，图4-1所示的三级管理系统中，教师类是学校成员类的派生类，而学校成员类是基类，但同时教师类又是在职教师类的基类，在职教师类是教师成员的派生类，依次类推，在职教师类又可以是其下一级类的基类。因此，基类和派生类都是个相对的概念。

派生类的定义格式如下，共包含五个部分：

[modifiers] class identifier : [base_class]

{classbody ; }

派生类的定义与类的定义几乎相同，不同之处是派生类中需要指出所继承的基类名称。

在 C# 中有一种特殊的类——密封类。密封类是指使用 sealed 关键字修饰的类，这种类是禁止其他类继承的。它不能用作其他类的基类，因此它没有派生类。密封类的作用是防止其他类继承该类。密封方法是使用 sealed 关键字进行修饰的方法，它并不影响类的继承，但它可以防止重写基类中特定的虚方法。定义这种类的主要目的是为了高可靠性，或是商业目的。

使用继承关系创建类时，需要注意的是，虽然类的继承可以有效地简化类中相同成员的重复定义，但是不要过多使用继承类。在 C# 语言中，类的继承形式与 C++ 等高级语言中不同，切忌不要混淆使用。

三、object 类

为了提高程序员的编程效率，各种编程环境（工具）都提供了许多重用度高的类库，以方便程序设计时直接使用。同样，在 .NET 中提供了相应的类库。其中 Object 是该类库中最基本的类，它属于 System 命名空间，通常也写成 System.Object。在 C# 中，所有的类都直接或间接派生于 Object 类。在声明类时，如果没有明确指明基类，则编译器会自动将 Object 类指定为其基类。因此，Object 类是 C# 所有类的根，每个类都从 Object 类继承基类成员。表 4-8 列出了 Object 类的常用方法。

表 4-8　Object 类的常用方法

方　法	访问修饰符	作　用
string ToString()	public virtual	返回对象的字符串表示
int GetHashTable()	public virtual	在实现字典（散列表）时使用
bool Equals(object obj)	public virtual	对当前对象与 obj 进行相等比较
bool Equals(object objA，object objB)	public static	在 objA 和 objB 之间进行相等比较
bool ReferenceEquals(object objA，object objB)	public static	比较 objA 和 objB 是否引用的是同一个对象
Type GetType()	public	返回对象类型的详细信息
object MemberwiseClone()	protected	进行对象的浅层复制
void Finalize()	public virtual	该方法是析构函数的 .NET 版本

四、派生类中调用基类构造函数

派生类中是否继承了基类的构造函数？派生类中是否可以定义属于本类的构造函数呢？下面通过一个具体程序加以介绍。

```
namespace
{
    public class Animal        //定义基类
    {
        Public Animal()   //基类构造函数
        {
            Console.WriteLine("Constructing Animal")；
        }
    }
    class Elephant : Animal        //定义派生类
    {
        public Elephant()    //派生类构造函数
        {
```

```
                Console.WriteLine("Constructing Elephant") ;

            }

        }

    class Program

    {

        static void Main(string [ ] args)

        {

            Elephant e=new Elephant() ; // 创建一个派生类对象

        }

    }

}
```

程序中定义了一个类 Animal，在该类中定义构造函数输出字符串 Constructing Animal，同时定义了一个类 Elephant，该类继承 Animal 类，并在 Elephant 类中定义构造函数输出字符串 Constructing Elephant。在主程序中创建了派生类 Elephant 的对象 e。该程序输出结果如下：

Constructing Animal

Constructing Elephant

由结果可以看出，系统首先执行基类的构造函数，然后执行派生类的构造函数。在类的层次结构中，基类总是首先被实例化。因此，在定义基类的构造函数时一定要仔细考虑全局的需要。

第五节　面向对象的多态性实现概念

一、多态的基本概念

多态是指同样的消息被不同类型的对象接收时导致不同的行为，消息是指类中的方法或者函数的调用，不同的行为是指不同的实现，即调用了不同的函数。

多态性能够利用同一类（基类）类型引用不同类的对象，并根据所引用对象的不同，以相同的方式执行不同的操作。把不同的子类对象都当做父类看，可以屏蔽不同子类对象之间的差异，写出通用的代码，做出通用的编程，以适应需求的不断变化。C# 中主要通过多态实现的方式，即虚方法、抽象方法和接口实现多态。

现有矩形、三角形、五边形、圆形等四种图形，它们都属于二维图形，要计算它们的图形面积。按照面向对象的编程思想，首先定义一个二维图形类 Plant，类 Plant 中定义方法 Area 计算图形面积。接着定义类矩形类 Rectangle、三角形类 Triangle、五边形类 Pentagon

和圆形类 Circle，它们继承类 Plant。

由继承含义了解到，Rectangle、Triangle、Pentagon 和 Circle 这四个派生类都继承了基类 Plant 的计算面积方法 Area，但是，这四个图形面积的计算方法都不相同。例如，矩形只要长乘以宽，而三角形只要底乘以高除以 2 即可。在这四个图形对应的类中，它们各自的计算面积方法 Area 都不相同，且与基类 plant 中的方法 area 不同，其关系见图 4-2。对这四个派生类对象发送计算面积的消息后，不同派生类的对象将执行不同的行为。

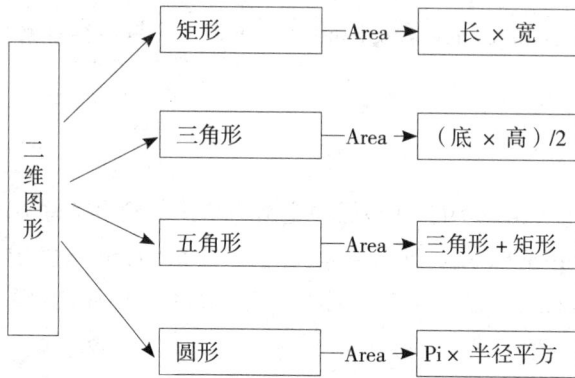

图 4-2　二维图形关系图

二、虚方法

由上述分析可以看出，多态中一个主要的操作，是在派生类中重新编写属于自己的方法，而该方法的名称又要与基类中一致，以便统一管理。那么，这个方法如何进行编写呢？由此引入一个新的概念，即虚方法。所谓虚方法，就是可以在派生类中对其实现进一步改进的方法，也称之为方法覆盖。

要定义虚方法，需要用到 virtual 和 override 两个关键修饰符。在基类中将方法用 virtual 关键字声明，在派生类中用 override 关键字覆盖（重写）该方法。覆盖方法必须与被覆盖的方法具有相同的方法名称。

方法的重载与覆盖有很大不同：

1.方法的覆盖是子类和父类之间的关系，是垂直关系；方法的重载是同一个类中方法之间的关系，是水平关系。

2.覆盖只能由一个方法，或只能由一对方法产生关系；方法的重载是多个方法之间的关系。

3.覆盖要求参数列表相同；重载要求参数列表不同。

4.覆盖关系中，调用哪个方法体，是根据对象的类型（对象对应存储空间类型）决定的；重载关系，是根据调用时的实参表与形参表选择方法体的。

常见编程错误：派生类中使用关键字 override 覆盖没有被声明为 virtual 的方法。

三、抽象方法和抽象类

所谓抽象类，就是程序员从来没有实例化的任何对象定义类，程序中定义的基类 Plant，这样的类有时也是非常有用的。因为这样的类通常作为基类存在，所以一般称其为抽象基类。

在 C# 中，用 abstract 修饰符表示抽象类，类是不完整的，使用时需注意以下三点：

1. 抽象类只能用作基类，即抽象类不能直接实例化，对抽象类使用 new 运算符时编译时会出现错误。

2. 抽象类中可以定义抽象方法（用 abstract 修饰），抽象方法就是只有声明而无具体任何具体实现的细节方法。

3. 抽象类中允许（不限制必须）一个或者多个定义抽象方法或抽象属性。但若抽象类中有抽象方法，则当从抽象类派生非抽象类时，这些非抽象类必须具体实现所继承的所有抽象成员，即重写（override）抽象成员。

抽象类和抽象方法的定义格式分别如下：

[modifiers] abstract classidentifier

{class–body ; }

[modifiers] abstract type method_name([parameters]) ;

需要注意的是：虚方法是可以被重载的也可以不被重载，而抽象方法是必须重载的。抽象方法是一个空方法，没有任何主体，因此在定义抽象方法时，没有一般方法定义时的主体部分，抽象类不提供抽象方法的实现，但是该类的派生类必须实现这些方法。

当使用 virtual 关键字修饰符后，不允许再同时使用 abstract、static 或 override 关键字进行修饰。

常见编程错误：

错误1：在没有声明为 abstract 的类中定义一个抽象方法是错误的。

错误2：试图实例化抽象类的一个对象是错误的。

错误3：不覆盖派生类中的抽象方法是错误的，除非该派生类被声明为抽象类。

子类在更改基类方法时体现多态性总结：

在子类定义与父类同名的方法时，通过以下途径可以实现与父类不同的行为：

1. 定义同名但参数列表不同的方法，称为方法的重载。

2. 定义同名且参数列表也相同的方法，称为新增。这时在同名方法前面用 new 修饰符，使用 new 关键字时，调用的是新的类成员而不是已被替换的基类成员。这些基类成员称为隐藏成员。

3. 定义同名且参数列表也相同的方法，并且父类中的方法用 abstract/virtual 进行修饰，子类中的方法用 override 进行修饰，称为虚方法的覆盖。

此外，子类通过增加新的字段或隐藏父类的字段，也可实现多态。

在子类定义中加上新的字段，可以使子类具有比父类多的属性。例如：

```
class   Student : Person
{
    string school
    string course ;
    int  score ;
}
```

这里，子类比父类多了三个成员：school、course 和 score。

子类重新定义一个从父类中继承的字段（也即隐藏父类的）。例如：

```
class ForestAnimal {  public string eatContent ; }
class Wildboar : ForestAnimal {  new public string eatContent ; }
```

四、接　口

某些事物间没有类的从属关系，完全是不同的类别，但是有着相同或相似的属性，如一个人、一棵树、一辆车、一个文件。这些对象彼此之间没有任何关系，人有其姓名；树有其树干、枝条和枝叶；车有其轮胎、传动装置等；文件包含数据等。用类的继承方式表示它们的关系有些不合逻辑。但是，他们之间存在着相同的属性和方法。例如，年龄：人的年龄可以从出生之日算起，用一个数字表示；树的年龄可以用树干上年轮表示，是一个数字；车的年龄可以从出厂之日算起，是一个数字；文件的年龄可以从建档之日算起，也是一个数字。那么，是否可以提供一个途径，实现这些不同类别对象年龄的计算？

为此引入接口的概念，即通过一个接口，为上述的不同类别对象提供计算和返回年龄的方法。

接口中包括方法、属性、事件和索引器等成员，除此以外，再也不能有其他的成员。接口本身不提供接口成员的实现。继承接口的类或结构必须提供接口成员的实现。

（一）接口定义

接口的定义格式如下，除了使用关键字 interface 代替了 class 外，接口的定义与类的定义格式相同，分为五个部分：

[modifiers] interface interface_name[: base_list]

{interface body ; }

（1）访问修饰符 modifiers：接口的默认修饰符为 public。

（2）interface：定义接口的关键字。

（3）接口名称 interface_name：对于接口名称，一般以"I"开头。

（4）接口列表 base-list：接口可以实现继承，接口列表用来标识被继承的接口名称，一个接口可以继承多个接口，当定义的接口继承多个接口时，被继承的接口名称之间用","分开。例如：

interface ICarnivore{……;}

interlace IHerbivore{……;}

intertace IOmnivore : IHerbivore，ICarnivore

继承了两个接口 IHerbivore 和 ICarnivore。

（5）接口主体 interface body：用来定义接口的内容，但是只声明成员并不给出具体实现，所以不能创建接口的实例，继承接口的类必须实现接口的所有方法。接口的所有成员必须是 public 访问的。

（二）接口的引用方法

在确定对象实现了某个特定接口之后，就可以引用该接口。上面那个程序即为这种引用。

另外，为了引用该接口，可以把对象类型强制转换为接口类型。

假定有一个名为 Zoo 的 ArrayList 对象，它包含派生自 Animal 类的对象。考虑下边代码：

```
foreach(Animal someAnimal in Zoo)
{
        if(someAnimal is IHerbivore)
        {
                IHerbivore veggie=(IHebivore)someAnimal ;
                vegeie.GatherFood ;
        }
}
```

上述代码中，首先判断 someAnimal 对象是否继承并实现了 IHerbivore 接口，如果是，就强制转换 someAnimal 为该接口类型，并调用接口中的 GatherFood 方法。

通常可用 is 或 as 运算符确定对象实现了哪些接口。

1.使用 is 的方法

```
foreach(Animal someAnimal in Zoo ; {
        if(someAnimal is IHerbivore){
                IHerbivore veggie=(IHebivore)someAnimal ;
                vegeie.GatherFood ;
        }
}
```

2.使用 as 的方法

```
foreach(Animal someAnimal in Zoo){
        IHerbivore veggie=someAnimal as IHerbivore ;
        if(veggie ！ =null){
                veggie.EatPlant() ;
```

```
        }
    }
```

（三）接口的显式实现

当不能确定某个成员是属于哪个被继承接口时，必须在声明中加上接口（不同接口对应的成员名字相同时）。例如：

```
public class Chimpanzee：Animal，IHerbivore，ICarnivoreI
{
    ……// 实现其他接口成员
    bool ICamivore.IsHungry
    {
        get
        {
            return false；
        }
    }
    bool IHerbivore.IsHungry
    {
        get
        {
            return false；
        }
    }
}
```

不允许使用访问修饰符实现显式接口。因此，为了访问这些成员，必须把相关对象转换为相应的接口类型。例如：

```
Chimpanzee chimp=new Chimpanzee()；
IHerbivore vchimp=(IHerbivore)chimp；
bool hungry=vchimp.IsHungry；
```

注意：在 C# 中，类可以通过继承多个接口丰富自己的行为机制。在 C# 中，接口具有以下特性：接口只定义，不包含方法的实现；接口可以包含方法、属性、事件和索引器；接口成员必须是公共的；接口不能被直接实例化；接口不能包含任何字段；接口描述可属于任何类或结构的一组相关行为；接口自身均可以从多个接口继承；类和结构均可以从多个接口继承；接口类似于抽象类，但继承接口的类型必须实现接口中所有定义的成员对象。

常见编程错误：

　　错误1：类实现接口时，任何 interface 的方法或属性没有定义都是错误的。类必须定义接口的每一个方法和属性。

　　错误2：在 C# 中，一个接口只能被声明为 public，被声明为 private 或者 protected 都将是错误的。

第五章　Windows 桌面编程技术

窗体是 Windows 界面的名词概念，自从 Windows 诞生之始，界面化的窗体使系统变得简单、方便。C# 可以进行桌面编程，本章主要介绍 Windows 桌面编程技术。

第一节　桌面编程的窗体与事件

一、窗体生成

窗体是创建 Windows 应用程序所接触的第一个对象，它是构成 Windows 应用程序的基本模块。在新建 Windows 应用程序时，系统会自动建立空白窗体，默认名称为 Forms。Forms 类是 .NET 系统中定义的窗体类（WinForm），具有 Windows 应用程序窗口的最基本功能。它可以作为对话框、单文档或多文档应用程序窗口的基类。Forms 类对象可作为容器使用，在 Forms 窗体中可以放置其他控件（如标签、文本框、命令按钮等），或放置子窗体。

创建 Windows Forms 新项目时，新建了一个工程。打开"新建项目"对话框（图 5-1），选左边"项目类型"栏的"Visual C#"项，再选择右边"模板"栏的"Windows 窗体应用"模板。选择目录位置后，输入项目名称，选择"为解决方案创建目录"复选框，单击"确定"按钮，关闭对话框。此时，IDE 新建 Windows Forms 项目。在窗体设计器中，显示默认窗体 Form1（图 5-2）。

在项目目录中，自动创建的文件如下：

1.bin 文件夹包含 debug 子目录及 WindowsApplication.exe 和 WindowsApplication1.pdb。exe 文件为生成的可执行文件，pdb 文件包含完整的调试信息。

2.obj 文件夹：包含 debug 子目录，存有编译过程中生成的中间代码。

3.Propeties 文件夹：包含 AssemblyInfo.cs 文件，它是在创建项目过程中自动添加的。包含程序集属性的设置。

4.Resources 文件夹：包含项目所需的资源文件。

126

图 5-1 "新建项目"对话框

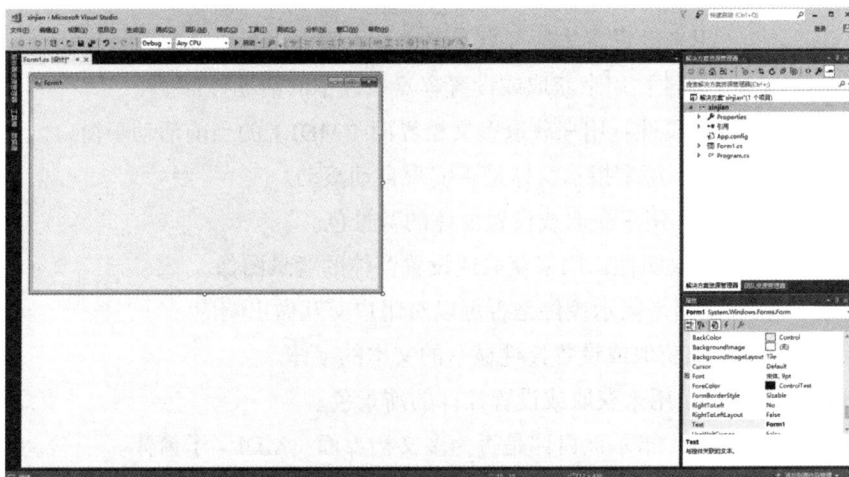

图 5-2 Form1 窗体

5.Program.cs 文件：应用程序文件，包含应用程序代码。

6.Form1.cs：窗体文件，包含窗体代码。

7.Form1.Designer.cs：与窗体及控件有关的代码。

8.Form1.resx：Windows 窗体资源编辑器生成的资源文件。

9.WindowsApplication1.csproj：项目文件。

10.WindowsApplication1.sln：解决方案文件。

二、窗体的属性

窗体的常用属性为标题栏、窗体名称、窗体大小、颜色、边框、显示位置、背景图和起始位置等。窗体的基本属性如下：

1.Name 属性：用来获取或设置窗体的名称。

2.WindowState 属性：用来获取或设置窗体的窗口状态。

3.StartPosition 属性：用来获取或设置运行时窗体的起始位置。

4.Text 属性：用来设置或返回在窗口标题栏中显示的文字。

5.Width 属性：用来获取或设置窗体的宽度。

6.Heigth 属性：用来获取或设置窗体的高度。

7.Left 属性：用来获取或设置窗体的左边缘的 x 坐标（以像素为单位）。

8.Top 属性：用来获取或设置窗体的上边缘的 y 坐标（以像素为单位）。

9.ControlBox 属性：指示在该窗体的标题栏中是否显示控制框。

10.MaximumBox 属性：指示是否在窗体的标题栏中显示最大化按钮。

11.MinimizeBox 属性：指示是否在窗体的标题栏中显示最小化按钮。

12.AcceptButton 属性：当用户按 Enter 键时，相当于单击了窗体上的该按钮。

13.CancelButton 属性：当用户按 Esc 键时，相当于单击了窗体上的该按钮。

14.Modal 属性：用来设置窗体是否为有模式显示窗体。

15.ActiveControl 属性：用来获取或设置容器控件中的活动控件。

16.ActiveMdiChild 属性：用来获取多文档界面（MDI）的当前活动子窗口。

17.AutoScroll 属性：用来指示窗体是否实现自动滚动。

18.BackColor 属性：用来获取或设置窗体的背景色。

19.BackgroundImage 属性：用来获取或设置窗体的背景图像。

20.Enabled 属性：用来指示控件是否可以对用户交互做出响应。

21.Font 属性：用来获取或设置控件显示的文本的字体。

22.ForeColor 属性：用来获取或设置控件的前景色。

23.IsMdiChild 属性：指示该窗体是否为多文档界面（MDI）子窗体。

24.IsMdiContainer 属性：指示窗体是否为多文档界面（MDI）中的子窗体的容器。

25.KeyPreview 属性：指示在将按键事件传递到具有焦点的控件前，窗体是否接收该事件。

26.MdiChildren 属性：数组属性。

27.MdiParent 属性：用来获取或设置此窗体的当前多文档界面（MDI）父窗体。

28.ShowInTaskbar 属性：用来指示是否在 Windows 任务栏中显示窗体。

29.Visible 属性：指示是否显示该窗体或控件。

30.Capture 属性：若为 true，则鼠标被限定由此控件响应，不管鼠标是否在此控件的范围内。

三、在窗体上添加菜单、工具条和按钮

选中"Form1.cs[设计]"页，打开"工具箱"窗口，展开"菜单和工具栏"项，里面有菜单条（MenuStrip）、工具条（ToolStrip）和状态条（StatusStrip）等控件（图 5-3）。

图 5-3　"工具箱"窗口

（一）添加菜单项

选中"工具箱"窗口的"菜单和工具栏"中的"MenuStrip"项，拖放到窗体中，系统将自动在标题条下添加菜单条（图 5-4），并在 Form1.Designer.cs 文件的部分窗体类定义的"Windows 窗体设计器生成的代码"区域后自动添加一行代码，定义该菜单条所对应的实例对象 menuStrip1：

private System.Windows.Forms.MenuStrip menuStrip1；

图 5-4　添加菜单项

（二）添加工具条

选中"Form1.cs[设计]"页，打开"工具箱"窗口，展开"菜单和工具栏"项，将"ToolStrip"项拖放到窗体中，系统将自动在菜单条下添加工具条（图 5-5）。同时，在 Form1.Designer.cs 文件中自动添加定义该工具条所对应的类实例对象 toolStrip1：

private Svstem.Windows.Forms.ToolStrip toolStrip1；

图 5-5　添加工具条

（三）添加按钮

利用工具条的添加新项下拉式列表，可以为工具条添加多种成员（图 5-6）。常用的是按钮与分隔符。新添加按钮时（图 5-7），系统在 Form1.Designer.cs 文件中自动添加对应的按钮对象：

private System.Windows.Forms.ToolStripButton toolStripButton1；

（四）状态条

选中"Form1.cs[设计]"页，打开"工具箱"窗口，展开"菜单和工具栏"项，将"StatusStrip"项，拖放到窗体中，系统在窗口底部自动添加状态条（图 5-8）。在 Form1.Designer. cs 文件中，也自动添加定义该状态条所对应的类实例对象 statusStrip1：

private System.Windows.Forms.StatusStrip statusStrip1；

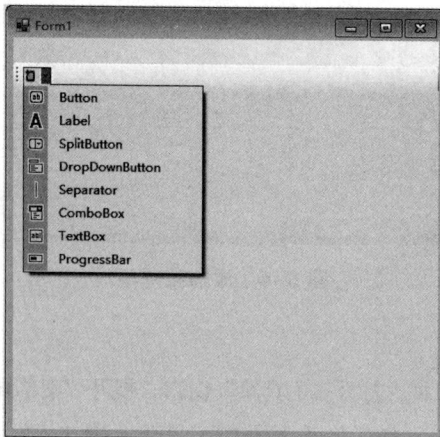

图 5-6　添加成员

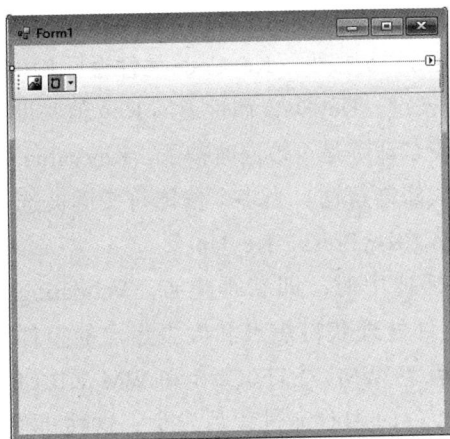

图 5-7　添加按钮

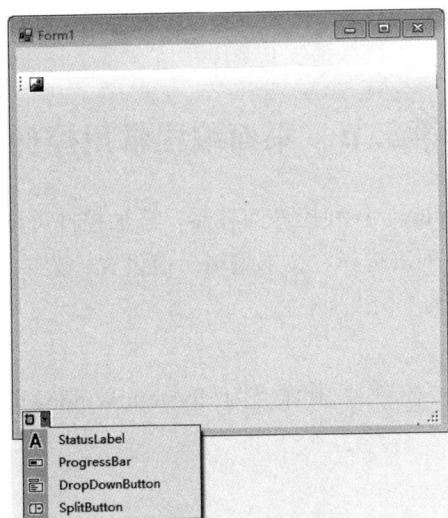

图 5-8　添加状态条

四、窗体的事件响应

用户交互操作可以描述为控件创建和响应的各种事件，常见的事件有 Click、Double Click、KeyDown、KeyPress、Validating 和 Paint 等。

鼠标事件 Click、DoubleClick、MouseDown、MouseUp、MouseEnter、MouseLeave 和 MouseHover 处理鼠标和控件的交互操作。处理 Click 和 DoubleClick 事件时，每次捕获一个 DoubleClick 事件时，会引发 Click 事件。Click 和 DoubleClick 事件把 EventArgs 作为参数，而 MouseDown 和 MouseUp 事件把 MouseEventArgs 作为参数。MouseEventArgs 包含有用的信息，如单击的按钮、按钮被单击的次数、鼠标轮制动器的数目和鼠标当前 x、y 坐标。

键盘事件的工作方式与此类似。Handled 属性用于确定事件是否已处理，若设置为 true，事件将不再由系统默认处理。KeyPress、KeyDown 或 KeyUp 事件都接收 KeyEventArgs，其属性包括 Ctrl、Alt 或 Shift 键是否被按下。KeyCode 属性返回 Keys 枚举值，表示被按下的键，该属性适用于键盘上的所有按键。KeyData 属性返回 Key 值并设置修饰符，通过修饰符与该值的 OR 运算可判别 Shift 或 Ctrl 键是否被同时按下。KeyValue 属性是 Keys 枚举的整数值。Modifiers 属性表示被按下的修饰符键。当多个修饰符按键被选中时，则进行 OR 运算。按顺序触发键盘事件 KeyDown、KeyPress、KeyUp。

当控件被 Tab 键或鼠标选中时，即获得焦点。Validating、Validated、Enter、Leave、GotFocus 和 LostFocus 等事件处理获得焦点和失去焦点的控件。GotFocus 和 LostFocus 是低级事件，与 Windows 消息 WM_SETF0CUS 和 WM_KILLFOCUS 相关，Validating 和 Validated 事件分别在验证控件时和验证过程后发生；这些事件接收 CancelEventArgs，若用其将 Cancel 属性设置为 true，则可取消以后的事件。上述事件的引发顺序依次为 Enter、GotFocus、Leave、Validating、Validated、LostFocus。

第二节　桌面编程常用控件

窗体的本质是充当 Windows 各种控件的容器，添加控件可增加相应的功能。.NET 控件十分丰富，包括数据显示、列表选择、文本编辑、值设置、菜单、容器等。

一、常用控件

在 .NET 框架中，窗体控件大多派生于 System.Windows.Forms.Control 类，常用的 Windows 控件见表 5-1。

表 5-1　常用的 Windows 控件

功　能	控　件	说　明
数据显示	DataGridView 控件	数据表格视图，提供显示数据的可自定义表。使用 DataGridView 类，可以自定义单元格、行、列和边框
文本编辑	TextBox 控件	文本框，显示设计时输入的文本，它可由用户在运行时编辑或以编程方式更改
	RichTextBox 控件	增强的文本框，使文本能够以纯文本或 RTF 格式显示
	MaskedTextBox 控件	约束用户输入的格式
信息显示	Label 控件	标签，显示用户无法直接编辑的文本

（续　表）

功　能	控　件	说　明
信息显示	StatusStrip 控件	通常在父窗体的底部使用有框架的区域显示有关应用程序的当前状态的信息
	ProgressBar 控件	向用户显示操作的当前进度
网页显示	WebBrowser 控件	用户可以在窗体内导航网页
列表与选择	CheckBox 控件	复选框，显示一个复选框和一个文本标签，通常用来设置选项
	CheckedListBox 控件	复选框列表，显示一个可滚动的选项列表，每个选项旁边都有一个复选框
	ComboBox 控件	组合框，显示一个下拉式选项列表
	RadioButton 控件	单选按钮，显示一个可打开或关闭的按钮
	ListBox 控件	列表框，显示一个文本项和图形项列表
	ListView 控件	列表视图，显示带图标的项的列表，可创建类似于Windows 资源管理器右窗格的用户界面。其中，列表项的视图包括纯文本视图、带小图标的文本视图、带有大图标的文本视图和详细信息视图
	NumericUpDown 控件	增减按钮，显示用户向上或向下按钮滚动的数字列表
	TreeView 控件	树视图，显示一个节点对象的分层集合，以类似于在Windows 资源管理器左窗格中显示文件和文件夹的方式显示节点的层次结构，这些节点对象由带有可选复选框或图标的文本组合
	DomainUpDown 控件	实质上是一个文本框和一对用于在列表上下移动的按钮的组合。它显示设置选择列表的文本字符串，这些方式包括单击向上和向下按钮在列表中移动，按向上键和向下键，或者键入与列表项匹配的字符串等。该控件用途是从按字母顺序排序的名称列表中选择项
	TrackBar 控件	追踪条，允许用户通过沿标尺移动的滑块设置标尺上的值
图形显示	PictureBox 控件	图像框，在一个框架中显示图形文件
	ImageList 控件	图像列表，用于存储图像，这些图像由控件显示
日期设置	DateTimePicker 控件	显示一个图形日历以及允许用户选择日期或时间
	MonthCalendar 控件	显示一个图形日历以及允许用户选择日期范围

（续　表）

功　能	控　件	说　明
对话框	ColorDialog 控件	调色板，允许用户通过选择颜色设置界面元素的颜色
	FontDialog 控件	字体对话框，允许用户设置字体及其属性
	OpenFileDialog 控件	打开文件对话框，允许用户定位文件和选择文件
	PrintDialog 控件	打印对话框，允许用户选择打印机完成打印并设置其属性
	PrintPreviewDialog 控件	打印预览对话框，预览打印效果
	FolderBrowerDialog 控件	文件夹浏览对话框，用来浏览、创建以及最终选择文件夹
	SaveFileDialog 控件	保存文件对话框，允许用户保存文件
命令	Button 控件	按钮，用来启动、停止或中断连接
	LinkLabel 控件	将文本显示为 Web 样式的链接，并在用户单击该特殊文本时触发事件。该文本通常是到另一个窗口或网站的链接
	NotifyIcon 控件	表示正在后台运行的应用程序任务栏的状态通知区域中显示一个图标
	ToolStrip 控件	创建工具栏
菜单	MenuStrip 控件	创建自定义菜单
	ContextMenuStrip 控件	创建自定义上下文菜单
其他	Panel 控件	面板，将一组控件分组到未标记、可滚动的框架中
	GroupBox 控件	分组框，将一组控件分组到带标记、不可滚动的框架中
	TabControl 控件	选项卡，提供选项卡式页面有效地组织和访问已分组对象
	SplitContainer 控件	提供用可移动拆分条分隔两个面板
	TableLayoutPanel 控件	表示一个面板，它可以在一个由行和列组成的网格中对其内容进行动态布局
	FlowLayoutPanel 控件	表示一个沿水平或垂直方向动态布置排放其内容的面板

二、控件的基本属性和方法

System.Windows.Forms.Control 类是大多数控件的基类。通过继承或重写其属性，其他控件可进行定制的操作。表 5-2 列出了 Control 类最常用的属性，大多数的控件都具有这些属性。

表 5-2　控件的常用属性

属　　性	描　　述
Anchor	定义了在控件的父控件大小发生变化时，空间的大小将发生何种变化
BackColor	定义了控件的背景色
BackgroundImage	定义了控件的背景图像
Bottom	控件的下边缘与父控件的上边缘间的距离
Dock	定义了控件停靠到父控件的哪一个边缘
Enable	定义了控件是否可被禁用
Left	定义了控件的左边缘的 x 坐标
Location	定义了控件的坐标
Name	定义了控件的名称
Size	定义了控件的高度和宽度
TabIndex	定义了控件的 Tab 键顺序
Text	定义了此控件的相关文本
Visible	指示该控件是否可见

每个窗体和控件都公开一组预定义事件，可以据此进行编程。由控件引发的事件通常由用户操作触发，如单击某控件时会生成一个事件，表明用户执行了某种操作。常见的事件见表 5-3。

表 5-3　常见的事件

事　　件	描　　述	事　　件	描　　述
Click	单击控件时发生	Enter	进入控件时发生
DoubleClick	双击控件时发生	Leave	焦点离开控件时发生
DragDrop	完成拖放操作时发生	Paint	重绘控件时发生
DragEnter	将对象拖入控件的边界时发生	TextChanged	Text 属性值更改时发生
DragLeave	将对象拖出控件的边界时发生	Validated	在控件完成验证时发生
GetFocus	控件接收焦点时发生	Validating	在控件正在验证时发生

三、公共控件

（一）TextBox 控件

TextBox 控件用来获取用户的输入信息或者显示文本信息，通常与 Label 控件搭配使用，支持多行文本。TextBox 控件中最重要的属性是 Text 属性，代表显示在控件中的文本内容。Text 属性可以在设计时使用"属性"窗口设置，在运行时用代码设置，或者在运行时通过用户输入设置。在运行时读取 Text 属性，可以检索文本框的当前内容。读取文本框内容的代码如下：

```
private string getText()
{
    string textContent="" ;
    textContent=this.textBox1.Text ;
    return textContent

}
```

设置文本框内容的代码如下：

```
private void setText(string textContent)
{
    this.textBox1. Text =textContent ;
}
```

在 TextBox 控件中按 Tab 键时，AcceptsTab 属性指示控件所产生的反应。该属性为 true 时，控件中将键入一个 Tab 字符；为 false 时，窗体中的控件将按照 TabIndex 属性所规定的顺序被激活。可以在属性窗体里对此属性进行设置，或在代码中进行设置，代码如下：

```
private void setAcceptsTab()
{
    this.textBox1.AcceptsTab=false ;
}
```

当 Multiline 属性为 true 时，TextBox 控件中可以输入多行文本；为 false 时，不能输入多行文本。当采用多行方式时，WordWrap 属性表明 TextBox 控件文本是否可以自动换行。

（二）RichTextBox 控件

RichTextBox 控件用来显示多种类型的带格式文本，同样具有多个属性。

SelectedText 属性为 string 类型，表示在当前 RichTextBox 控件中所选择的字符串；SelectionFont 属性表示控件中所选择的字符串字体，SelectionColor 属性表示字符串的颜色。以上三个属性都可以通过代码进行获取和设置，具体代码如下：

```
pnvate void SetSelectedTextProperty()
```

```
        {
            this.richTextBox1.SelectionColor=Color.Red；// 设置选择字符串的颜色
            this.richTextBox1.SelectionFont=new Font("Arial"，16)；// 设置选择字符串的字体
            this.textBox1.Text=this.richTextBox1.SelectedText；
        }
```

Text 属性返回的是 RichTextBox 控件中的文本内容。RichTextBox 控件显示的文本是 RTF 格式的文本文件，若需要获得包含所有 RTF 格式的代码，应通过代码方式使用 RTF 属性，具体代码如下：

```
private string getRtf()
        {
            string rtfText=""；
            rtfText=this.richTextBox1.Rtf；// 获取 RichTextBox 控件中文本的 rtf 格式
            return rtfText
        }
```

SelectedRtf 属性为 string 类型，表示在当前 RichTextBox 控件中所选择的 RTF 格式字符串。该属性的获取和设置只能通过代码实现，具体代码如下：

```
Private string getSelectedRtf()
        {
            string selectedRtfText=""；
            selectedRtfText=this.textBox1.SelectedRtf；// 获取 RichTextBox 控件中选定文本的
rtf 格式
            return selectedRtfText
        }
```

在 RichTextBox 控件中选择文本时，AutoWordSelection 属性指示控件所产生的反应。该属性为 true 时，将启动自动选择字词，此时选择文本的任何部分都将导致选择整个单词。该属性可以在属性窗口或代码中进行设置，具体代码如下：

```
private void setAutoWordSelection()
        {
            this.richTextBox1. AutoWordSelection=false；
        }
```

CanUndo 属性为 boolean 类型的变量，指示在 RichTextBox 控件中是否可以撤销前一操作。

对于文件操作，在 RichTextBox 控件中可以使用 LoadFile() 方法从流加载数据。假定系统中已经存在 "c：\mytext.rtf"，则代码如下：

```
private void button1_Click(object sender，EventArgs e)
```

```
    {
        richTextBox1.LoadFile(@"c:\mytext.rtf"，RichTextBoxStreamType.RichText)；
    }
```

将数据保存到流可以使用 SaveFile() 方法。在调用该方法时，如果将文件名作为唯一参数，则该文件保存为 RTF 文件。具体代码如下：

```
private void button2_ Click(object sender，EventArgs e)
    {
        richTextBox1.SaveFile(@"D:\mytext.rtf")；// 保存文本框中的文本 "D:\mytex.rtf" 文档
    }
```

搜索指定的字符串使用 Find() 方法。下面的代码将搜索指定的字符串，并返回指定的字符串的起始索引号：

```
private void button3_Click(object sender，EventArgs e)
    {
        string text=this.textBox1.Text；// 搜索文本框中的指定的文本
        int indexToText=richTextBox1.Find(text)；// 返回指定文本在 richTextBox1 中的索引|
    }
```

（三）RadioButton 控件

RadioButton 控件提供由两个或多个互斥选项构成的选项集，可以在属性窗体中进行设置。

Appearance 属性的取值是枚举类型的，用以确定 RadioButton 控件的外观，具体代码如下：

```
Private void setRadioButtonAppearance()
    {
        this.radioButton1.Appearance=System.Windows.Forms.Appearance.Button；
    }
```

Checked 属性为 boolean 类型，指示当前的 RadioButton 是否被选中。为 true 时，RadioButton 控件被选中；为 false 时，控件是未选中状态，在 RadioButton 控件中的小圆圈将会取消填充。

AutoCheck 属性为 boolean 类型，当其为 true 且 RadioButton 控件被单击时，RadioButton 控件会自动更改 Checked 属性。该属性可使用属性窗口或代码进行设置，具体代码如下：

```
Private void setCheckBoxAutoCheck()
    {
        this.checkBox1.AutoCheck=true；
    }
```

138

若 AutoCheck 属性值为 false，可以在 Click 事件中编写程序对 Checked 属性进行设置，具体代码如下：

```
Private void radioButton1_Click(object sender，System.EventArgs e)
{
    if(radioButton1.Checked)
    {
        RadioButton1.Text=" 选中 "；// 如果单选框被选中，则文本变为 " 选中 "
    }
    else
    {
        radioButton2.Text=" 未选中 "；// 若单选框未被选中，则文本变为 " 未选中 "
    }
}
```

（四）ComboBox 控件

ComboBox 控件用于在下拉组合框中显示数据。默认情况下，ComboBox 控件分两个部分显示：顶部是允许用户键入列表项的文本框；下部是项目列表显示框，用户可以从中选择一项。

作为 ComboBox 控件最重要的属性，DropDownStyle 用于指定组合框的样式，其属性值为 ComboBoxStyle 枚举类型，表示 ComboBox 控件的样式。DropDownStyle 的成员包括：

DropDown：既可以在列表项中进行选择，也可以在文本框中直接填写。

DropDownList：只可以在列表项中进行选择。

Simple：既可以在列表项中进行选择，也可以在文本框中填写，且列表框始终可见。

例如：

```
Private void setComboBoxDropDownStyle()
{
    this.comboBox1.DropDownStyle=System.Windows.Forms.ComboBoxStyle. DropDownList；
// 设置下拉框样式
}
```

ComboBox 控件下拉列表的重要属性包括：

（1）DroppedDown 属性：boolean 类型，指示在程序运行时 ComboBox 控件是否显示了下拉列表。可以通过此属性判断 ComboBox 控件所处的状态，或控制 ComboBox 控件的状态。

（2）DroppedDownHeight 属性：int 类型，指示 ComboBox 控件中下拉列表的高度。当对下拉列表的高度设置大于下拉列表框中的各项高度之和时，下拉列表框的显示高度为列表框中各项的高度和。

（3）DropDownWidth 属性：int 类型，指示 ComboBox 控件中下拉列表的宽度，默认与 ComboBox 控件的宽度相等。当下拉列表中的内容宽度大于下拉列表的宽度时，可以通过设置 DropDownWidth 属性使各项内容完全显不出来。具体代码如下：

```
private void SetDropDownWidth()
{
    this.comboBox1.DropDownWidth=200；// 设置 ComboBox 控件的下拉框宽度
}
```

（4）MaxDropDownItems 属性：int 类型，指示下拉列表的可显示项的最大数量。当其数值小于 Items 属性中项的数量时，ComboBox 控件的下拉列表将显示一对方向箭头，方便用户浏览可选项。该属性可以在属性窗体中或使用代码进行设置。具体代码如下：

```
private void SetMaxDropDownItems()
{
    this.comboBox1.MaxDropDownItems=5；// 设置 ComboBox 控件的下拉框显示的
项数
}
```

（五）ListBox 控件

ListBox 控件用于显示一组字符串，可以从中选择一个或多个选项。其常用属性如下：

（1）SelectedIndex：表示列表框中已选中选项的索引（从 0 开始）；如果一次选择多个选项，则表示选中的第一个选项。

（2）ColumnWidth：在包含多个列的列表框中指定列的宽度。

（3）Items：列表框中所有选项组成的集合，使用该集合的属性可以增加和删除选项。

（4）MultiColumn：列表框的选项由多个数据列组成，该属性可以获取或设置列表框中列的个数。

（5）SelectedIndices：获取一个集合，该集合包含列表框中所有当前选定项的从零开始的索引。

（6）SelectedItem：当只能选择一个选项时，指示选中的选项；可以多选时，指示选中的第一个选项。

（7）SelectionMode：在列表框中可以使用 ListSelectionMode 枚举中的四种选择模式：① None：不能选择任何选项。② One：一次只能选择一个选项。③ MultiSimple：可以选择多个选项；在此模式下，单击列表中某一项即选中之，即使单击另一项，该项也仍保持选中状态，除非再次单击它。④ MultiExtended：可以选择多个选项；用户可以使用 Ctrl、Shift 和箭头键进行选择，与 MultiSimple 不同，如果先单击一项，然后单击另一项，则只选中第二个单击的项。

（8）Sorted：若设置为 true，会使列表框对它包含的选项按照字母顺序排序。

（9）Text：与其他控件的 Text 属性不同。如果设置列表框控件的 Text 属性，它将搜索匹配该文本的选项并选择；如果获取 Text 属性，返回值是列表中第一个选中的选项。需要注意的是，若 SelectionMode 属性值为 None，Text 属性不能使用。

（六）CheckedListBox **控件**

CheckedListBox 控件的功能类似于 ListBox 控件，但它可以在列表项的旁边显示复选标记。可以将 CheckedListBox 控件看作每项均为 CheckBox 控件的 ListBox，实际上 CheckedListBox 控件的很多属性、方法和事件与这两个控件相同，因此，本小节仅介绍其特殊属性和方法。

在 CheckedListBox 控件里，控件不能设置多选的选择模式，即 SelectionMode 属性只能设置为 SelectionMode.None 或 SelectionMode.One 这两个 SelectionMode 枚举类型值。若设置为 SelectionMode.None，则对于 CheckListBox 控件中的各项不能进行选择，同样用户也不能更改 CheckListBox 控件中各项的选中状态。SelectionMode 属性的设置代码如下：

```
private void setSelectionMode()
{
    this.checkedListBox1.SelectionMode=SelectionMode.None ;
}
```

CheckOnClick 属性是一个 boolean 类型的值，表示用户对 CheckListBox 控件中各项的 Checked 状态的更改。当其值为 true 时，选择想要选中或取消选中的项，都将改变该项的选中状态；为 false 时，则需选中 CheckListBox 控件中每一项前面的空格，才能改变此项的选择状态。

对于 CheckOnClick 的设置，可以在属性窗体里进行设置，也可以使用如下代码进行设置：

```
private void setCheckOnClick()
{
    this.checkedListBox1.CheckOnClick=true ;
}
```

CheckListBox 控件主要用于提供一组并列的可选项，并将用户的选择结果记录到数据库，或根据用户的选择结果决定程序的运行流程。通过 CheckListBox 控件的 CheckedItems 属性或 CheckedIndices 属性，可以获得相应的用户选项。其中，CheckedItems 属性是控件中的所有用户选项的集合，而 CheckedIndices 属性是所有用户选项索引的集合。下面的代码说明通过 CheckedItems 属性获得 CheckListBox 控件中所有选定项的方法：

```
string checkedItem="" ;
if(checkedListBox1.CheckedItems.Count！=0)// 判断在 CheckedListBox 控件中是否有
选中项
for(int x=0；x<=checkedListBox1. CheckedItems.Count−1；x++)
{
```

checkedItem= checkedItem+checkedListBox1. CheckedItems [x].ToString()+"\r\n" ;

}

（七）PictureBox 控件

PictureBox 控件显示 BMP、GIF、JPEG、图元文件或图标格式的图形。

所显示的图形由 Image 属性确定，在运行时或设计时设置。SizeMode 属性控制图像和控件彼此间的相互显示方式，有效值从 PictureBoxSizeMode 枚举中获得。默认情况下，在 Normal 模式中，图像置于 PictureBox 的左上角，凡是因尺寸过大而不适合 PicturcBox 的图像部分都将被剪裁掉；使用 stretchImage 模式会将图像拉伸，以便适合 PictureBox 的大小；使用 Autosize 模式会使控件调整大小，以便总是适合图像的大小；使用 CenterImage 模式会使图像居于工作区的中心。

四、容器控件

容器控件存放其他的控件，通过设置容器控件的属性，可以一次更改容器控件中一组控件的属性。常用的容器控件有 GroupBox、Panel、TabControl 等。

GroupBox 控件用于为其他控件提供可识别的分组。在分组框中，对所有选项分组能为用户提供逻辑化的可视提示，使用该控件可以将一个窗体的各种功能进一步分类，并且在设计时所有控件可以方便地移动。移动 GroupBox 控件时，它包含的所有控件会一起移动。在窗体上创建 GroupBox 控件及其内部控件时，必须先建立 GroupBox 控件，然后在其内部建立各种控件。

Panel 控件类似于 GroupBox 控件，不同的是，GroupBox 控件能显示标题，而 Panel 控件有滚动条。将 AutoScroll 属性设置为 true，Panel 控件将显示滚动条，还可以通过设置 BackColor、BackgroundImage 和 BorderStyle 属性定义 Panel 面板的外观。

TabControl 控件用于显示多个选项卡，类似于档案柜中文件夹中的标签。选项卡中可包含图片和其他控件，可以使用该选项卡控件生成多页对话框，或创建用于设置一组相关属性的属性页。该控件最重要的属性是 TabPages，包含单独的选项卡，单击将引发对应 TabPage 对象的 Click 事件。

五、菜单与工具栏

（一）菜单

在 Windows 应用程序中，菜单是常用的用户界面，以下拉式最为常见。位于应用程序界面上方边缘的菜单称为主菜单或菜单栏，右击控件时出现的菜单称为右键快捷菜单或上下文菜单。

在工具箱中双击 MenuStrip（下拉菜单）控件，即可在窗体的顶部建立一个菜单（图 5-9）。将鼠标移到"请在此键入"处，将会显示一个三角形按钮，单击该按钮将弹出一个下拉列表，包括 MenuItem、ComboBox 和 TextBox 共三个选项，所创建的菜单默认为 Menuitem。在"请在此处键入"处单击可输入文本，即设置菜单项的标题内容（图 5-10）。然后，在该文本的下方和右侧均会出现类似的"请在此处键入"字样，此时可在下方创建子菜单，或在右侧创建同一级别的其他菜单。

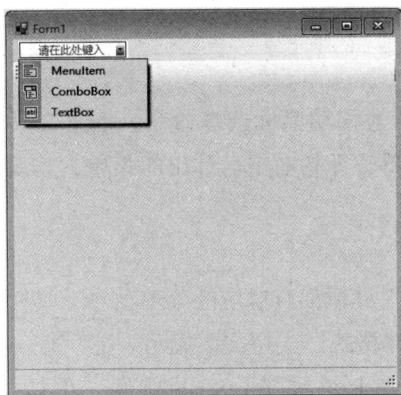

图 5-9　下拉菜单

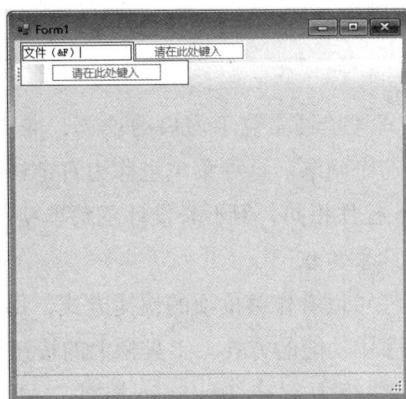

图 5-10　菜单项标题设置

输入标题内容时，如果在标题内容的某个字母前加"&"，将产生快捷方式。例如，"文件（&F）"命令具有快捷键 Alt+F 组合键，当程序运行时，按 Alt+F 组合键同样可以选择此命令。

可以通过"属性"窗口进一步设置菜单项 MenuItem 控件的属性，其常用属性见表 5-4。

表 5-4　MenuItem 控件的常用属性

属性名称	说　明
Checked	表示菜单是否被选中
CheckOnClick	当设置为 true 时，若菜单项的没有被标记，则添加标记，若已被标记则去除该标记；设置为 false 时，该标记将被一个图像替代，可以使用 Checked 属性确定菜单的状态
DisplayStyle	是否在菜单上显示文本和图像，默认为 ImageAndText，即同时显示图像和文本
DropDownItems	获取与此菜单项相关的下拉菜单中的项的集合
Image	显示在菜单项上的图像
Selected	指示该菜单项是否处于选定状态
ShortcutKeys	获取或设置与菜单项关联的快捷键

（续　表）

属性名称	说　明
ShowShortcutKeys	快捷键是否显示在菜单项的旁边
ToolTipText	菜单项的提示文本，只有当 ShowItemToolTips 设置为 true 时，ToolTipText 才有效。如果 AutoToolTip 设置为 true，则该项的 Text 属性将用作 ToolTipText

下拉式菜单通常位于窗口的顶部，需要不断地移动鼠标选择命令，上下文菜单的出现可以解决这个问题。这种菜单也称为右键快捷菜单，即指右击后弹出的菜单，其设计方法与 MenuStrip 控件相同，但不必设计主菜单项。

（二）工具栏

工具栏可以看作菜单项的快捷方式，每一个工具项都有对应的菜单项。工具栏提供了单击访问程序中功能的方式。工具栏上的按钮为图片格式，支持文本提示。

在工具箱中双击 ToolStrip 控件，可在窗体上添加 ToolStrip 控件，单击右边的三角形按钮，将弹出一个下拉列表（图 5-11），其中包括 Button、Label、SplitButton、DropDownButton、Separator、ComboBox、TextBox 和 ProgressBar 八个选项。ToolStrip 作为对象的容器，可以在工具栏中添加按钮、文本、左侧标准按钮和右侧下拉按钮的组合、下拉菜单、垂直线或水平线、文本框和进度条等。

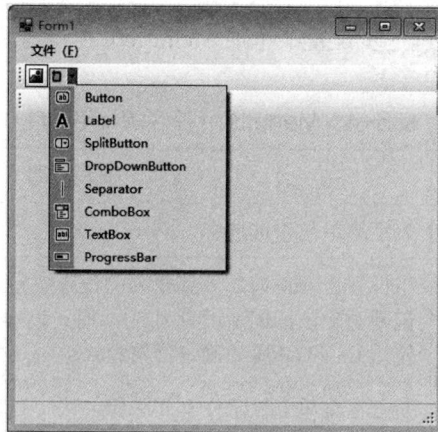

图 5-11　ToolStrip 控件的下拉列表

第三节　桌面编程对话框

.NET 平台提供了一组基于 Windows 的标准对话框界面，包括 OpenFileDialog、Save

FileDialog、ColorDialog 以及 FontDialog 对话框等。标准对话框是 Windows 操作系统的一部分，具有一些相同的方法和事件（表 5-5）。

表 5-5　对话框的公共方法或事件

公共方法或事件	说　明
ShowDialog	显示一个通用对话框，该方法返回一个 DialogResult 枚举
Reset	把对话框内的所有属性设置为默认值，即对话框初始化
HelpRequest	当用户单击通用对话框上的 Help 按钮时触发该事件

1. 模态对话框

模态对话框通常在进行某种操作后出现，当它弹出时，鼠标不能单击对话框之外的区域。

模态对话框没有最大化、最小化按钮，只能设置 MaximizeBox、MinimizeBox 属性为 false。一般不能用鼠标改变窗体大小，其 FormBorderStyle 属性为 FixedDialog。由于对话框等窗体一般不在任务栏中显示，需要将 ShowInTaskBar 属性设置为 false。此外，模态对话框通常位于主窗体中央，其 StartPosition 属性需设置为 CenterParent。

2. 非模态对话框

非模态对话框用于显示用户需要经常访问的控件和数据，以及在使用过程中需要访问其他窗体的情况，其创建方法与模态对话框相似。模态对话框使用 ShowDialog 方法显示，而非模态对话框使用 Show 方法显示。

3. 消息框

消息框是特殊类型的对话框，包含消息、图标和一个或多个按钮，常用于提供简单的文本格式的消息，向用户显示通知信息。编程时可以使用 MessageBox 产生消息框，不需要创建 MessageBox 类的实例。调用静态 Show 方法可以显示消息框。MessageBox.Show 常用的重载方法见表 5-6。

表 5-6　MessageBox.Show 常用的重载方法

方　法	说　明
MessageBox.Show（String）	显示具有指定文本的消息框
MessageBox.Show（String，String）	显示具有指定文本和标题的消息框
MessageBox.Show（String，String，MessageBoxButtons）	显示具有指定文本、标题和按钮的消息框
MessageBox.Show（String，String，MessageBoxButtons，MessageBoxIcon）	显示具有指定文本、标题、按钮和图标的消息框

一、打开文件对话框 OpenFileDialog

OpenFileDialog 对话框是一个选择文件的组件，允许用户选择要打开的文件，指定组件的 Filter 属性可以过滤文件类型。表 5-7 列出了 OpenFileDialog 类的主要成员及其说明。

表 5-7　OpenFileDialog 类的主要成员及其说明

成员名称	类　别	说　明
FileName	属性	获取选择的文件名
Filter	属性	指定过滤的文件类型
AddExtension	属性	确定当文件没有扩展名时，是否自动添加扩展名
CheckFileExists	属性	确定文件是否存在
Title	属性	指定对话框的标题

在工具箱的 WindowsForms 类别中，可以找到 OpenFileDialog 组件。将其从工具箱拖到 WindowsForms 设计器中，系统会自动为窗体类添加对应实例对象，默认名称为 OpenFileDialog1。语句如下：

private System.Windows.Forms.OpenFileDialog openFileDialog1 ;

从设计窗口下部的对象列表或属性窗口顶部的下拉式列表中，选择 OpenFileDialog1 项，在属性页中修改"设计"栏的"（Name）"属性的值，可以修改该对象名称，如把实例命名为 openFileDlg ；可以在"属性"窗口"行为"栏的"Filter"属性中，输入文件过滤器，如"C# 代码文件 |*.cs| 所有文件 |*.*"，在"数据"栏的"FileName"属性中输入"*.cs"。例如：

if(openFileDlg.ShowDialog()= = DialogResult.OK)

{

string fn=openFileDlg.FileName ;

MessageBox.Show(string.Format(" 选择文件名为：{0}"，fn)，" 文件名 ")；

}

openFileDlg.ShowDialog() ；

运行程序，选择"打开"菜单项，打开"打开文件"对话框（图 5-12）。运行程序，显示要打开的文件名称。

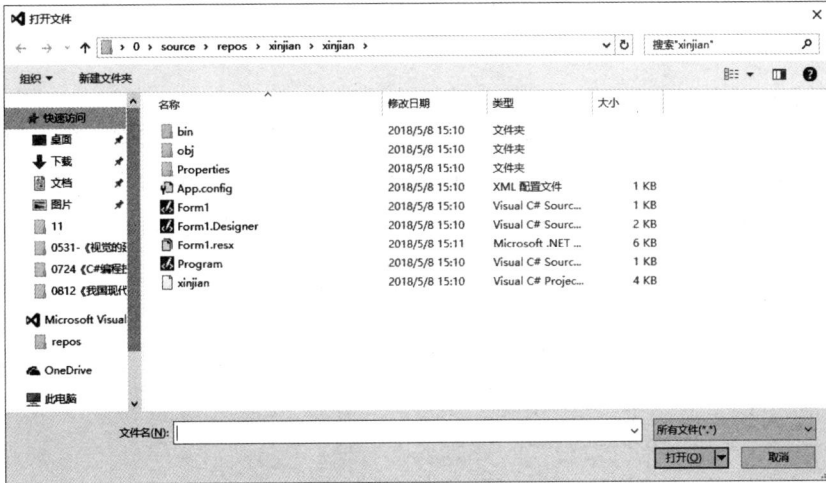

图 5-12　"打开文件"对话框

二、字体设置对话框 FontDialog

FontDialog 对话框允许用户选择当前安装在计算机中的字体，还可以设置字体的字形大小、删除线、下划线和字符集。表 5-8 列出了 FontDialog 类的主要成员及其说明。

表 5-8　FontDialog 类的主要成员及其说明

成员名称	类　别	说　明
Color	属性	获取选择字体的颜色
Font	属性	从控件中获取选择的字体或设置控件显示的字体
FontMustExist	属性	判断所选的字体是否存在
MaxSize	属性	指定能选择的最大的字体
MinSize	属性	指定能选择的最小的字体
ShowColor	属性	确定是否能选择字体的颜色

在 Windows Forms Designers 中，可以将对话框从工具箱拖放到窗体上，创建一个 FontDialog 的实例。使用 FontDialog 的代码如下：

```
private void fontDialog_Click(obiect sender，Event Argse)
{
    if(fontDialog.ShowDialog()= =DialogResult.OK)
    {
```

```
        TextBoxEdit.Font=fontDialog.Font ;
    }
}
```

调用 ShowDialog() 方法就可以显示 FontDialog。如果用户单击"OK"按钮，该方法就返回 DialogResult.OK。使用 FontDialog 类的 Font 属性，可以读取选中的字体，接着把这个字体传送给 TextBox 的 Font 属性。运行程序，显示"字体"对话框（图 5-13），进行字体设置。

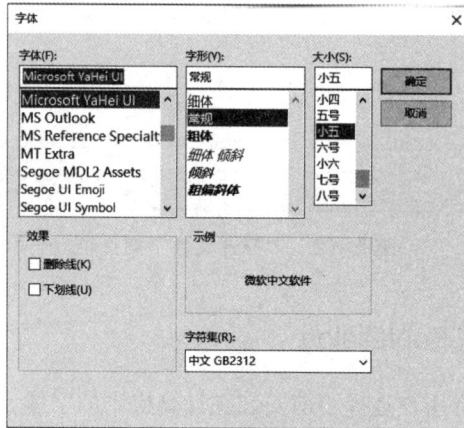

图 5-13   "字体"对话框

三、颜色设置对话框 ColorDialog

ColorDialog 对话框是一个专门设置颜色的控件。该控件可以让用户从调色板中选择颜色，也可以将自定义颜色添加到调色板。表 5-9 列出了 ColorDialog 类的主要成员及其说明。

表 5-9   ColorDialog 类的主要成员及其说明

成员名称	类　别	说　明
Color	属性	获取选择的颜色
AllowFullOpen	属性	确定是否可以选择自定义颜色
AnyColor	属性	确定是否显示所有基本颜色
CustomColors	属性	包含自定义颜色的集合
FullOpen	属性	确定是否展开自定义颜色部分

与其他对话框一样，ColorDialog 也可以从工具箱拖到 Windows Forms Designer 的窗

体上。例如，选中"Form1.cs[设计]"页，打开"工具箱"窗口，展开"对话框"项，将"ColorDialog"控件，拖放进窗体。系统会自动为窗体类添加对应的实例对象，默认的名称为 colorDialog1。代码如下：

private System.Windows.Forms.ColorDialog colorDialog1 ；

可以从设计窗口下部的对象列表或属性窗口顶部的下拉式列表中，选择 ColorDialog1 项，在属性页中修改"设计"栏的"(Name)"属性的值，达到修改该对象名的目的，如改成 ColorDialog。将"属性"窗口"外观"栏的"FullOpen"属性值修改为 True，还可以修改其他各种属性，其中大多对应于 ColorDialog 类的公共属性。

ShowDialog() 显示该对话框，用户单击"OK"或"Cancel"按钮后，该对话框关闭。通过访问对话框的 Color 属性可以读取选中的颜色。例如：

```
private void colorDialog_Click(object sender，EventArgse)
{
        if(colorDialog.ShowDialog()= =DialogResult.OK)
        {
                TextBoxEdit.Font=colorDialog.Color ；
        }
}
```

运行程序，显示"颜色"对话框，进行颜色设置（图 5-14）。

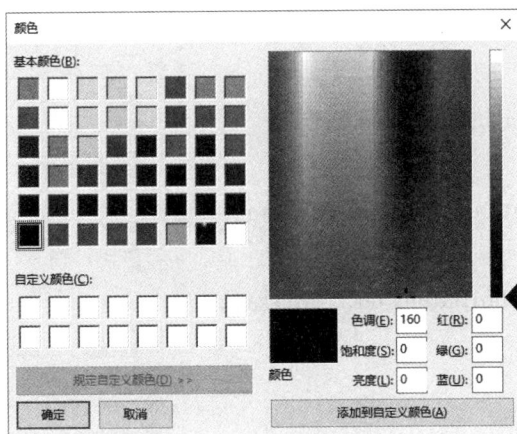

图 5-14　"颜色"对话框

四、打印对话框 PrintDialog

PrintDialog 组件可以选择打印机，并设置打印机的属性，以及指定打印机范围和打印份数。表 5-10 列出了 PrintDialog 类的主要成员及其说明。

149

表 5-10　PrintDialog 类的主要成员及其说明

成员名称	类　别	说　明
AllowCurrentPage	属性	确定是否显示"当前页"按钮
AllowPrintToFile	属性	确定是否显示"打印到文件"复选框
AllowSelection	属性	确定是否显示"选择"按钮
Document	属性	指定 PrintDocument 对象
PnnterSettings	属性	指定要修改的打印机设置

　　从工具箱中把 PrintDialog 组件添加到窗体中。将其名称设置为 sprint，并将其 Document 属性设置为 PrintDocument。例如，修改 Print 菜单的 Click 事件处理程序的执行代码如下：

```
private void openFilePrint(object sender，CancelEventArgse)
{
    try
    {
        if(printDlg.ShowDialog()= =DialogResult.OK)
        {
            printDocument.Print() ;
        }
    }
    catch(InvalidPrinterException ex)
    {
        MessageBox.Show(ex.Message，
"Simple Editor"，
        messageboButtons.OK，Message
BoxIcon.Error) ;
    }
}
```

　　运行程序，显示"打印"对话框，进行打印设置（图 5-15）。

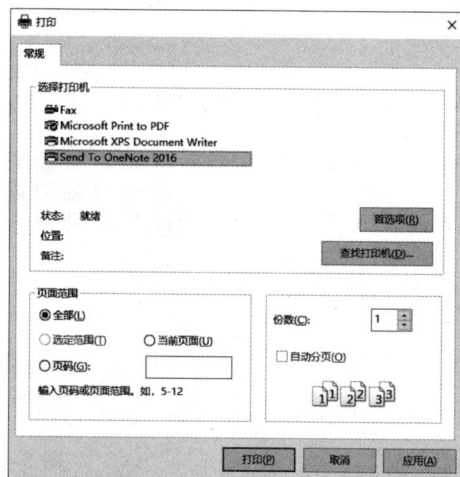

图 5-15　"打印"对话框

第四节　多窗口程序及多文档界面

一、建立多窗口界面

在 Visual Studio 2015 集成开发环境中，基于"Windows 窗体应用程序"创建新项目时，只能建立一个新的窗体。当需要用到多个窗体时，可以单击工具栏中的"项目"→"添加 Windows 窗体"命令添加，然后在新窗体中放置所需要的控件。如果一个项目中包含多个窗体，则运行应用程序时默认显示创建的第一个窗体，并称其为启动窗体。若要将其他窗体设置为启动窗体，则通过修改 Program.cs 中的代码实现。若要在程序运行期间显示另一个窗体，则可以创建相应窗体类的一个新实例，然后调用 Show 或是 ShowDialog 方法实现显示。

实现多窗体界面设计的具体步骤如下。

1. 打开 Visual Studio 2015 开发环境，单击文件，新建一个项目命名为"duochuangti"，存储在 D：\Backup\ 我的文档 \Visual Studio 2015\Projects 中，如图 5-16。

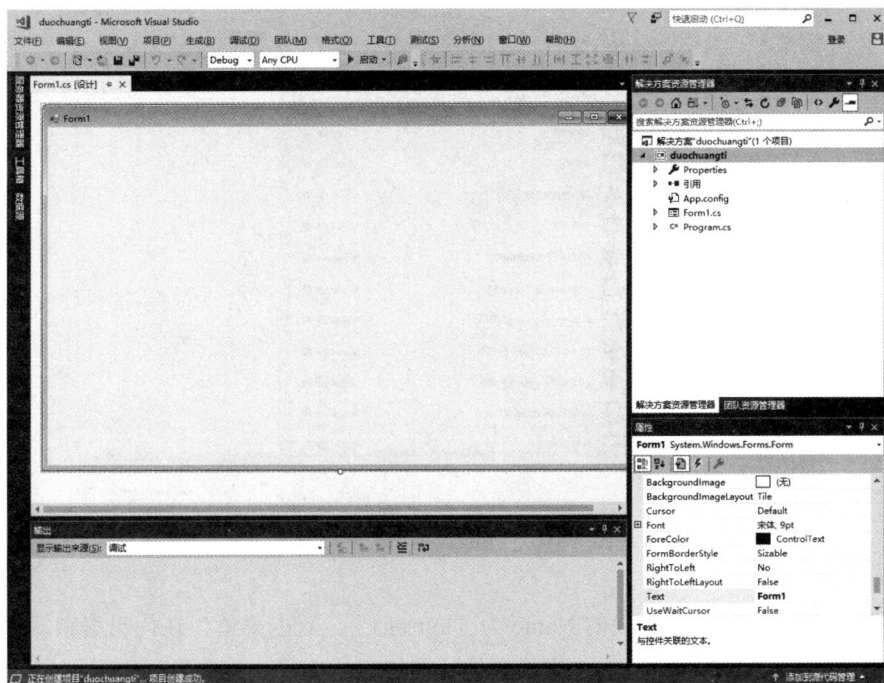

图 5-16　创建新窗体

2. 将第一个新窗体 Form1 的属性 Text 设置为"多窗体示例"（图 5-17），并用控件 MenuStrip 创建工具栏。在工具箱中选三个 Button 按钮控件，在 Form1 中放置好，并分别将其属性 Text 编辑为"显示数据""显示文档"和"退出"。

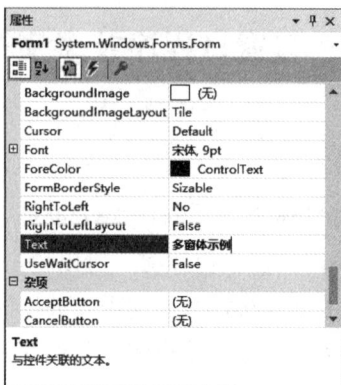

图 6-17 Text 设置为"多窗体示例"

3. 单击"项目"→"添加新项"命令，显示"添加新项"对话框。选择"Windows 窗体"选项，并指定文件名为"Form2.cs"，单击"添加"按钮，如图 5-18。

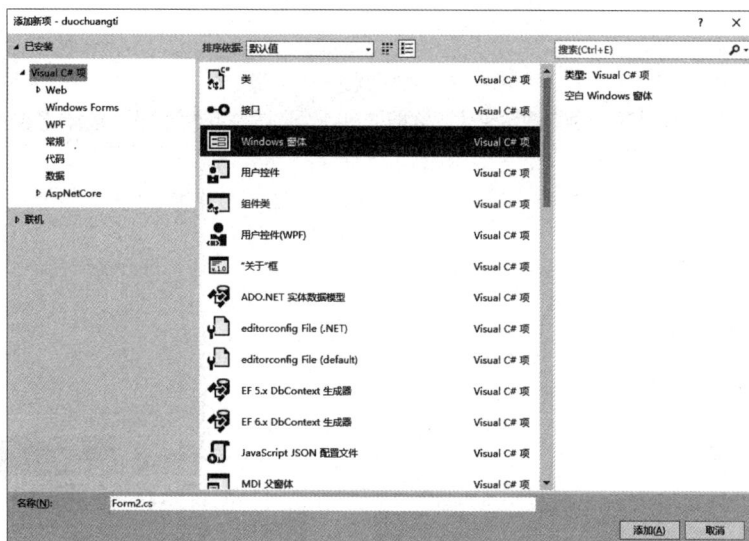

图 5-18 "添加新项"对话框

4. 设置"显示数据"菜单项的 Name 为"button1"，双击菜单，在代码编辑器中就会打开源文件 Form1.cs，可以对 button1 进行事件处理程序的编写。相应代码如下：

```
private void button1_Click(object sender，EventArgse)
{
FForm2.Show()；
this.Hide()；
```

}

其中，"this.Hide()；"语句表示，如果单击启动窗体的按钮，则在显示新窗体的同时，启动窗体隐藏；反之，则全部显示。

5.设置"显示文档"菜单项的 Name 为"button2"，"退出"菜单项的 Name 属性为"button3"，并进行相应的代码编辑。相应代码如下：

private void button2_Click(object sender，EventArgse)　// 显示文档按钮

{

　　FForm3.Show()；

　　this.Hide()；

}

6.编译并运行应用程序，并进行功能测试。多窗体示例的实现效果见图 5-19。

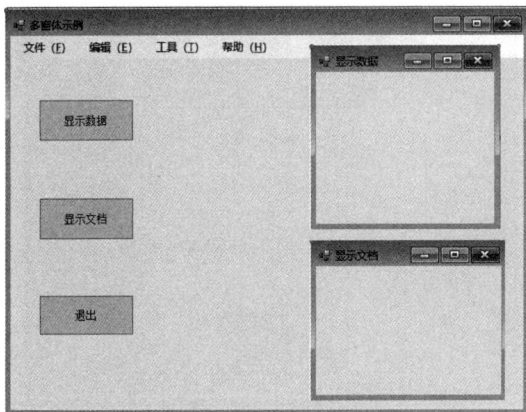

图 5-19　多窗体实现效果

二、多窗口数据传递

在程序设计中，数据不仅要在同一个窗体中传递，还要在窗体间传递。多窗口之间数据传递的实现示例有如下步骤。

1.在开发环境中，新建一个解决方案，并新建一个 Windows 窗体 Form1，设置其 Text 属性为"接收窗口"。从工具箱中取出一个 TextBox 和一个 Button 控件，分别设置 Name 属性为 recData 和 button1。TextBox 控件是为接收从另一个窗口传递回来的数据，Button 控件的 Text 属性为"创建新窗口"（图 5-20）。

2.单击"项目"→"添加新项"，添加另一个窗体，并设 Text 属性为"发送窗口"。同样，添加一个 TextBox 和一个 Button 控件，分别设置 Name 属性为 sendData 和 button2，这里的 TextBox 主要是为主窗口发送数据，Button 控件的 Text 属性为"传送数据"（图 5-21）。

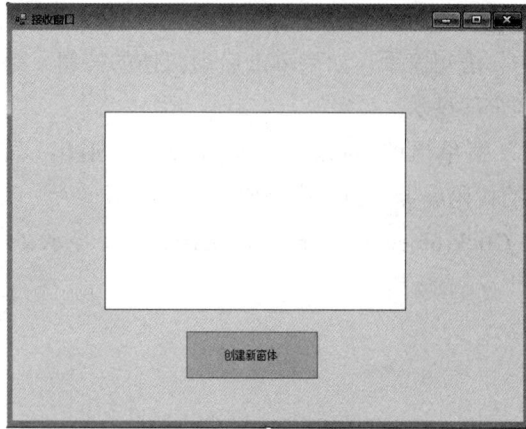

图 5-20 接收窗口

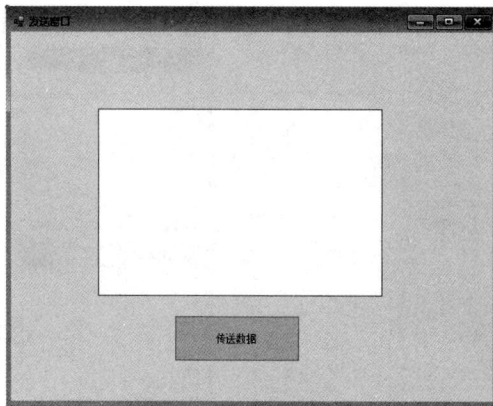

图 5-21 发送窗口

3. 双击 Form1.cs，进入源代码编辑界面，并将以下代码键入。

注意：Form1() 应设为 public，这样，才能让主、从窗口同时显示。相应代码如下：

```
public Form1()
{
    InitializeComponent();
}
private void button1_Click(object sender，EventArgse)
{
    Form2 form2=new Form2(this);
    form2.Show();
}
```

4. 双击 Form2 窗口，进入从窗口的代码编辑界面，有以下代码：

```
public Form1 form1 ;
public Form2(Form1 f)
{
    form1=f ;
    InitializeComponent() ; .
}
private void button2_Click(object sender，EventArgse )
{
    form1.recData.Text=this.sendData.Text ;
    this.Close() ;
}
```

5. 对程序进行调试运行，数据传递效果图。

打开接收窗口，单击"创建新窗口"按钮，弹出发送窗口。在发送窗口的编辑处输入"Visual C# 窗体建立以及应用程序"，单击"发送"按钮就会将所输入的内容传送到接收窗口编辑处，见图 5-22、图 5-23。

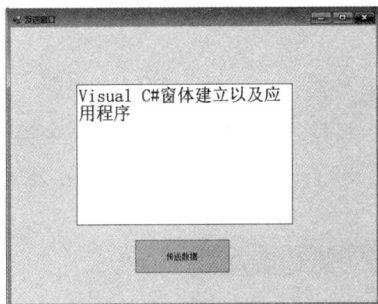

图 5-22　发送数据效果图　　　　图 5-23　接收数据效果图

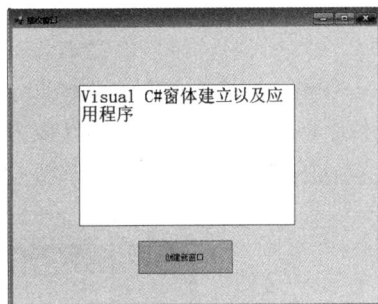

三、多窗口文档界面

多窗口文档界面即 MDI 应用程序，可以同时显示多个文档。MDI 应用程序的基础是 MDI 父窗体，它是包含 MDI 子窗口的窗体，也是应用程序的主窗体。用户与 MDI 应用程序在 MDI 子窗口进行交互。框架窗体中的空白区域即为用户区，是一个实际的子窗体；客户窗体是 MDI 应用程序的窗体管理器，用于处理与 MDI 有关的命令并管理子窗体。在创建父窗体时，系统会自动创建客户窗体；子窗体即为实际的文档，如文本文件、位图、表格等，子窗体也有标题、系统菜单、最小化、最大化和关闭按钮，其菜单和主窗体的菜单组合在一起，不能移出用户区域。

可以通过以下语句实现创建 MDI 父窗体：

```
this.IsMdiContainer=true ;
```

也可以单击"项目"→"添加 Windows 窗体"命令，在"添加新项"对话框中选择"MDI 父级"选项，新建一个具有菜单和工具栏的窗体。建立父窗体效果图见图 5-24、图 5-25。

图 5-24　通过语句建立父窗口　　　　　图 5-25　通过菜单建立父窗口

创建 MDI 应用程序的基本操作步骤有如下几个。

1. 启动 Visual Studio 2015 集成开发环境，创建一个 Windows 窗体应用程序，并将其命名为"MDI 应用程序示例"。同时，将 Form1 应用程序的 Name 属性命名为"MDI 应用程序示例"。

2. 打开工具箱，选择 MermStrip 控件，创建工具栏，有文件、编辑、视图、工具和帮助等不同的项目。将 IsMdiContainer 属性设为 True，将应用程序的主窗口从一个窗体改为一个 MDI 容器；属性 Name 设为 Form1，作为父窗口。带工具栏的 MDI 父窗口效果见图 5-26。

图 5-26　带工具栏的 MDI 父窗口

3. 单击"项目"→"添加新项"命令，弹出"添加新项"对话框，选择"Windows 窗体"，则解决方案就添加了一个新窗体，属性 Text 命名为"子窗体 1"，并把属性 Name 设为 Form2。建立另一个新窗体，属性 Text 命名为"子窗体 2"，属性 Name 设为 Form3。

在每个子窗体中都添加 RichTextBox 控件，并设置控件的属性 Dock 为 Fill，填充整个窗体。设置背景颜色以及文本文字格式。

4.将父窗体 Form1 中的文件目录下的"新建"事件进行编写，相应代码如下：

```
private void 新建 ToolStripMenuItem_Click(object sender，EventArgse)
{
    foreach(Form ChildForm in this.MdiChildren)
        ChildForm.Show()；
}
```

5.单击窗体 Form1，将以下代码键入：

```
private Form2 ChildForm2；
private Form3 ChildForm3；
publicform1()
{
    InitializeComponent()；
    ChildForm2=new Form2()；
    ChildForm3=new Form3()；
    ChildForm2.MdiParent=this；
    ChildForm3.MdiParent=this；
}
```

6.生成并运行程序，单击工具栏上的窗口，多文档效果图见 5-27。

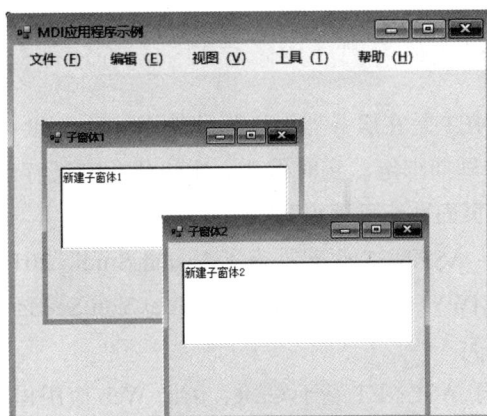

图 5-27　多文档效果图

157

第六章 ASP.NET 编程

ASP.NET 是一种建立动态 Web 应用程序的技术。它是 .NET 框架的一部分，可以使用任何 .NET 兼容的语言来编写 ASP.NET 应用程序。使用 C#、Visual Basic.NET、Java#、ASP.NET 页面（Web Forms）进行编译，可以提供比脚本语言更出色的性能表现。Web Forms 允许在网页基础上建立强大的窗体。当建立页面时，可以使用 ASP.NET 服务端控件来建立常用的用户界面（User Interface）元素，并对它们编程来完成一般的任务。

第一节 ASP.NET 概述

ASP.NET 是建立在 CLR 上的编程框架，可用于在服务器上生成功能强大的 Web 应用程序。它提供了一种编程模型和结构，对比原来的 Web 技术来说，它能更快速、容易地建立灵活、安全和稳定的应用程序。

一、ASP.NET 简介

1. 增强的性能：ASP.NET 是在服务器上运行的编译好的 CLR 代码。与被解释执行的前辈不同，ASP.NET 可利用早期绑定、实时编译、本机优化和缓存服务。代码被编译执行相比被解释执行，ASP.NET 页面性能显著提高。

2. 世界级的工具支持：ASP.NET 框架补充了 Visual Studio 2015 集成开发环境中的大量工具箱和设计器，如 WYSIWYG（WYSIWYG——What You See Is What You Get）编辑、拖放服务器控件和自动部署等。

3. 威力和灵活性：由于 ASP.NET 基于 CLR，因此 Web 应用程序开发人员可以利用整个平台的威力和灵活性。.NET 框架类库、消息处理和数据访问解决方案都可基于 Web 无缝访问。ASP.NET 与语言无关，可以选择最适合应用程序的语言，或跨多种语言开发应用程序。

4. 简易性：从简单的窗体提交和客户端身份验证到部署和站点配置，ASP.NET 使执行常见任务变得容易。同时，CLR 利用托管代码服务（如自动引用计数和垃圾回收）简化了开发。

158

5. 可管理性：ASP.NET 采用基于文本的分层配置系统，简化了将设置应用于服务器环境和 Web 应用程序。由于配置信息是以纯文本形式存储的，因此可以在没有本地管理工具帮助的情况下应用新设置。只需将必要的文件复制到服务器，即可将 ASP.NET 框架应用程序部署到服务器，不需要重新启动服务器。

6. 自定义性和扩展性：ASP.NET 随附了一个设计周到的结构，它使开发人员可以在适当的级别"插入"代码。实际上，可以用自己编写的自定义组件扩展或替换 ASP.NET 运行库的任何子组件。

7. 安全性：借助内置的 Windows 身份验证和基于每个应用程序的安全配置，可以保证应用程序的安全性。

二、ASP.NET 窗体

（一）Web 窗体介绍

ASP.NET Web 窗体页框架是可以在服务器上用于动态生成 Web 页的可缩放 CLR 编程模型。作为 ASP 的逻辑演变（ASP.NET 提供与现有页的语法兼容性），ASP.NET Web 窗体框架被特别设计为弥补前一模型中若干主要的不足之处，具体有以下三个方面：

（1）它提供创建和使用可封装常用功能的可重用 UI 控件，并由此减少页开发人员必须编写的代码量的能力。

（2）提供开发人员以有序的形式清晰地构造页逻辑的能力。

（3）开发工具为窗体页提供强大的 WYSIWYG 设计支持的能力。

ASP.NET Web 窗体页是带 .aspx 扩展名的文本文件，可在整个 IIS 虚拟根目录树中部署它们。当浏览器客户端请求 .aspx 资源时，ASP.NET 运行库分析目标文件并将其编译为一个 .NET 框架类。在创建 Web 窗体页时，只需采用现有的 HTML 文件并将其扩展名更改为 .aspx（不需要对代码进行任何修改），即可创建 ASP.NET 页。

注意：只需在第一次访问 .aspx 文件时对其进行编译，已编译的类型实例可以在多个请求间重用。

（二）ASP.NET 控件

ASP.NET 框架中的一组控件称为 HTML 控件，它们位于 System.Web.UI.HtmlControls 命名空间中，是从 HtmlControl 基类中直接或间接派生出来的。

几乎对所有包含 runat="server" 属性的标记，都会为其生成 HTML 控件。例如，可用下面的代码创建一个名为 textBox1 的 HtmlInputText 控件的实例。

<input type="text"runat="server"id="textBox1"value=some text>

对于现有的 ASP 程序，如果向 ASP.NET 移植，毫无疑问，则 HTML 控件将发挥最大的作用。表 6-1 列出了 HTML 控件及对应的 HTML 标记。

ASP.NET 框架中的第二组服务器控件称为 Web 控件。这些控件位于 System.Web.UI.WebControls 命名空间中，是从 WebControl 基类中直接或间接派生出来的。

表 6-1　HTML 控件及标记

控　件	对应的标记
HtmlAnchor	\<a\>
HtmlButton	\<button\>
HtmlSelect	\<select\>
HtmlTextArea	\<textarea\>
HtmlInputButton	\<input type="button"\>
HtmlInputCheckBox	\<input type="check"\>
HtmlInputRadioButton	\<input type="radio"\>
HtmlInputText	\<input type="text"\> 和 \<input type="password"\>
HtmlInputHidden	\<input type="hidden"\>
HtmlInputImage	\<input type="image"\>
HtmlInputFile	\<input type="file"\>
HtmlForm	\<form\>
HtmlImage	\<img\>
HtmlTable	\<table\>
HtmlTableRow	\<tr\>
HtmlTableCell	\<td\>
HtmlGenericControl	任何其他没有对应控件的标记，如 \<span\>\<div\> 等

　　Web 控件中包括传统的表单控件，如 TextBox 和 Button，以及其他更高抽象级别的控件，如 Calendar 和 DataGrid 控件。它们提供了一些能够简化开发工作的特性，其中包括：

　　（1）丰富而一致的对象模型：WebControl 基类实现了对所有控件通用的属性，这些属性包括 ForeColor，BackColor，Font，Enabled 等。属性和方法的名称是经过精心挑选的，以提高在整个框架和该组控件中的一致性。通过这些组件实现的具有明确类型的对象模型将有助于减少编程错误。

　　（2）对浏览器的自动检测：Web 控件能够自动检测客户机浏览器的功能，相应地调整它们所提交的 HTML，从而充分发挥浏览器的功能。

　　（3）数据绑定：在 Web 窗体页面中，可以对控件的任何属性进行数据绑定。此外，还有几种 Web 控件可以用来提交数据源的内容。

　　在 HTML 标记中，Web 控件会表示为具有命名空间的标记，即带有前缀的标记。前缀用于将标记映射到运行时组件的命名空间，标记的其余部分是运行时类自身的名称。与 HTML 控件相似，这些标记也必须包含 runat="server" 属性。

常用的 Web 服务器控件有 <form runat=server><asp : textbox runat=server><asp : dropdownlist runat=server> 和 <asp : button runat=server>。这些服务器控件在运行时能够自动生成 HTML 内容。

注意：服务器控件在与服务器的往返行程之间自动维护客户端输入的任何值。此控件状态不存储在服务器上，而是存储在请求之间往返的 <input type="hidden"> 窗体字段内）。

除了 ASP.NET 提供的内置服务器控件外，读者还可以使用已学会的编写 Web 窗体页的相同编程技巧轻松地定义自己的控件。只需做少量的修改，几乎所有 Web 窗体页即可在其他页中作为服务器控件重用。用作服务器控件的 Web 窗体页简称为用户控件，约定使用 .ascx 扩展名指示这样的控件。用户控件可以通过如下的 Register 指令包含在 Web 窗体页中：

<%@RegisterTagPrefix="Acme"TagName="Message"Src="pagelet1.ascx"%>

其中，TagPrefix 是确定用户控件的唯一命名空间，以便多个同名的用户控件可以相互区分；TagName 是用户控件的唯一名称；Src 属性是用户控件的虚拟路径，如 "Pagelet.ascx" 或 "/MyApp/Include/MyPagelet.ascx"。注册用户控件后，可以像放置普通的服务器控件那样，将用户控件标记放置在 Web 窗体页中。

注意：用户控件是 System.Web.UI.UserControl 类型，该类型直接从 System.Web.UI.Control 继承。

当 Web 窗体页被视为控件时，该 Web 窗体的公共字段和方法也被提升为此控件的公共属性和方法。除了将公共字段提升为控件属性外，还可以使用属性语法。属性语法具有在设置或检索属性时执行代码的优点。

用户控件在参与请求的整个执行生存期，方式与普通的服务器控件类似，即用户控件可以处理自己的事件，并封装来自包含 Web 窗体页的一些页逻辑。用户控件本身不具有包装它的 <form runat="server"> 控件。由于一页只能有一个窗体控件，即 ASP.NET 不允许嵌套的服务器窗体，因此需要包含 Web 窗体页负责定义该控件。

用户控件归纳总结：

（1）用户控件使开发人员能够使用编写 Web 窗体页的相同编程技巧轻松地定义自定义控件。

（2）作为约定，用 .ascx 文件扩展名指示这样的控件。这样可以确保用户控件文件不能作为独立的 Web 窗体页执行。

（3）用户控件通过 Register 指令包括在另一 Web 窗体页中，该指令指定 TagPrefix、TagName 和源位置。

（4）注册了用户控件后，可以像普通的服务器控件那样将用户控件标记放置在 Web 窗体页中（包括 runat="server" 属性）。

（5）在包含 Web 窗体页中将用户控件的公共字段、属性和方法提升为该控件的公共属性（标记属性）和方法。

（6）用户控件参与每个请求的整个执行生存期，并且可以处理自己的事件，封装来自包含 Web 窗体页的一些页逻辑。

（7）用户控件不应包含任何窗体控件，而应依靠其包含 Web 窗体页，在必要时包括窗体控件。

（8）可以使用 System.Web.UI.Page 类的 LoadControl 方法以编程方式创建用户控件。用户控件的类型由 ASP.NET 运行库决定，遵循约定文件名 _ 扩展名。

（9）只有当用户控件包括了 Register 指令时，用户控件的强类型才能由包含 Web 窗体页使用（即使没有实际声明的用户控件标记）。

第二节　ASP.NET Web 服务

一、XML Web 服务介绍

可扩展标记语言（Extensible Markup Language，XML）是一种以简单文本格式储存数据的方式，这意味着它可以被任何计算机读取。XML 是在 Internet 上传输数据的极好的格式，也很容易理解。ASP.NET 中 XML 的作用主要表现在以下三个方面。

1. 在 .NET Framework 中的数据传输和配置方面，XML 发挥了重要作用。Web.config 和其他与具体配置相关的文件完全是由 XML 编写的，那些文件也是以架构中的模式为根据进行处理。

2. Web 服务的使用是 .NET 开发中的一个推动力。XML 在 .NET 应用程序之间的数据传输中起非常关键的作用。

3. 在框架的一些最底层对象和类中，XML 被用作底层"积木"，很多对象中都有一些专门用于生成 XML 的方法。

ASP.NET 使用 .asmx 文件提供 Web 服务支持。.asmx 文件是类似于 .aspx 文件的文本文件。这些文件是包含 .aspx 文件的 ASP.NET 应用程序的一部分。与 .aspx 一样，这些文件是 URI 可寻址的。一个非常简单的 .asrnx 文件示例如下：

```
<% @ WebService Language="C#"Class="HelloWorld"%>
using System ;
using System.Web.services ;
public class HelloWorld : WebService
{
    [WebMethod] public String SayHelloWorld()
    {
```

```
                Return"HelloWorld" ;

        }

    }
```

在示例中，开始是一条 ASP.NET 指令 WebService，然后将语言设置为 C#、Visual Basic 或 Jscript。第三，导入命名空间 System.Web.Services（必须包括此命名空间）。第四，声明 HelloWorld 类，此类是从基类 WebService 派生的。最后，使可以作为服务的访问的所有方法都在其签名的前面设置属性（在 C# 中为 [WebMethod]，在 Visual Basic 中为 <WebMethod()>，在 JScript 中为 WebMethodAttribute）。

为使此服务可用，需要将该文件命名为 HelloWorld.asmx，并将其放置到名为 Some Domain.com 的服务器上名为 someFolder 的虚拟目录内。使用 Web 浏览器，输入 URL http://SomeDomain.com/someFolder/HelloWorld.asmx，生成的页将显示此 Web 服务（用 WebMethod 属性标记的服务）的公共方法，以及可用来调用这些方法的协议，如 SOAP 或 HTTP GET）。

二、简单的 Web 服务

可以使用任何文本编辑器编写出一个简单的 XML Web 服务，如创建一个服务为 MathService，实现公开将两个数相加、相减、相除和相乘的方法。在代码的开始除了指定 XML Web 服务的语言外，还需要将文件标识为该服务，C# 代码如下：

```
<%@WebService Language="C#" Class="MathService"%>
```

下面还需要定义一个封装服务功能的类，该类应当是公共的，可以随意地从 WebService 基类继承，并且该服务公开的每种方法的前面都需要 [WebMethod] 属性标记。如果没有该属性，方法将不在服务中公开。其 C# 代码如下：

```
using System ;
using System.Web.Services ;
public class MathService : WebService
{
    [WebMethod] public int Add(int a，int b)
    {
        return a+b ;
    }
}
```

XML Web 服务文件以 .asmx 文件扩展名保存。与 .aspx 文件一样，这些文件也在服务请求发出时由 ASP.NET 运行库自动编译。对于 MathService 的情况，已在 .asmx 文件本身中定义了 WebService 类。其完整 C# 代码如下：

```
<%@ WebService language="C#"Class="MathService"%>
```

```
using System ;
using System.Web.services ;
public class MathService : WebService
{
    [WebMethodJ public float Add(float a，float b){return a+b ; }
    [WebMethod] public float Subtract(float a，float b){return a–b ; }
    [WebMethodJ public float Multiply(float a，float b){return a*b ; }
    [WebMethod] public float Divide(float a，float b)
    {
        if(b= =0)return–1 ;
        return a/b ;
    }
}
}
```

如果公开 XML Web 服务的预编译类，并且该类公开用 [WebMethod] 属性标记的方法，则创建 .asmx 文件的命令如下：

<%@WebServiceClass="MyWebApplication.MyWebService"%>

其中，MyWebApplication.MyWebService 定义 WebService 类，并且包含在 ASP.NET 应用程序的 \bin 子目录中。

从客户端应用程序使用 XML Web 服务时，需要使用 SDK 中包含的 Web 服务描述语言命令行工具（WSDL.exe）创建与 .asmx 文件中定义的类相似的代理类，然后使用包含的此代理类编译代码。WSDL.exe 接受各种命令行选项，但若要创建代理，则只需一个选项：WSDL 的 URI。

第三节　ASP.NET Web 应用程序

ASP.NET 其实就是一个 ISAPI（Internet Server Application Programming Interface）筛选器，用于处理 aspx、asmx、ascx 之类的文件。ASP.NET 能够处理和输出 ASP.NET 应用程序的各种各样组件。下面介绍 ASP.NET 应用程序概述。

一、ASP.NET Web 应用程序概述

ASP.NET 将应用程序定义为所有文件、页、处理程序、模块和可执行代码的总和，该应用程序可在 Web 应用程序服务器上的给定虚拟目录（及其子目录）的范围内调用或运行。Web 服务器上的每个 ASP.NET 框架应用程序都在唯一的 .NET 框架应用程序域中执行，从而保证了类隔离、安全沙箱（防止访问特定计算机或网络资源）和静态变量隔离。

ASP.NET 在 Web 应用程序的生存期内维护 HttpApplication 实例池。ASP.NET 自动指派其中的某个实例处理应用程序接收到的每个传入 HTTP 请求。所指派的特定 HttpApplication 实例负责管理请求的整个生存期，并仅在请求完成后才被重新使用。

下面创建 ASP.NET 应用程序。在创建 ASP.NET 框架应用程序时，可以使用现有虚拟目录或创建新的虚拟目录。例如，如果安装了包含 IIS 的 Windows 7 Server，则可能有一个 C：\InetPub\WWWRoot 目录，可以使用 Internet 服务管理器（位于菜单"开始"→"程序"→"管理工具"下）来配置 IIS。然后，右击一个现有目录并在右键快捷菜单中选择"新建"（创建新的虚拟目录）或"属性"（提升现有的常规目录）。在虚拟目录中放置一个类似于下面的简单 .aspx 页并通过浏览器来访问它，即可开始创建 ASP.NET 应用程序：

```
<%@ Page Language="C#"%>
<html>
    <body>
        <h1>helloworld，<% Response.Write(DateTime.Now.ToString()) ; %></h1>
    </body>
</html>
```

现在可以添加适当的代码以使用应用程序对象，如与应用程序范围一起存储对象。通过创建 global.asax 文件，还可以定义各种事件处理程序。

ASP.NET 框架应用程序在第一次向服务器发出请求时创建，在此之前，不执行 ASP.NET 代码。当第一个请求发出后，将创建一个 HttpApplication 实例池并引发 Application_Start 事件。HttpApplication 实例处理该请求以及后面的请求，直到最后一个实例退出并引发 Application_End 事件。

注意：HttpApplication 的 Init 和 Dispose 方法在每个实例的基础上调用，因此可以在 Application_Start 和 Application_End 之间被多次调用。在一个 ASP.NET 应用程序中，只有这些事件在 HttpApplication 的所有实例中共享。

注意：应用程序的多线程问题。如果与应用程序范围一起使用对象，则应注意 ASP.NET 的并发处理请求，且应用程序对象可被多个线程访问。因此，如果 Web 页被不同的客户端同时重复请求，则以下代码将是危险的，可能不会产生预期的结果：

```
<% Application["counter"]=(Int32)Application["counter"]+1 ; %>
```

若要使此代码线程是安全的，则需要使用 Lock 和 UnLock 方法序列化应用程序对象的访问。正确代码如下：

```
<%
Application.Lock() ;
Application["counter"]=(Int32)Application["counter"]+1 ;
Application.UnLock() ;
%>
```

二、Global.asax 文件

除了编写 UI 代码外，开发人员还可以将应用程序级别的逻辑和事件处理代码添加到 Web 应用程序中。它们不处理 UI 的生成，一般不为响应个别页请求而被调用，它们负责处理更高级别的应用程序事件，如 Application_Start、Application_End、Session_Start、Session_End 等。这就需要使用位于特定 Web 应用程序虚拟目录树根处的 Global.asax 文件来创作该逻辑。

在第一次激活或请求应用程序命名空间内的任何资源或 URL 时，ASP.NET 自动分析 Global.asax 文件并将其动态编译成 .NET 框架类。Global.asax 文件被配置为自动拒绝任何直接 URL 请求时，外部用户就不能下载或查看内部代码。通过在 Global.asax 文件中创作符合命名模式 Application_EventName（Appropriate EventArgumentSignature）的方法，开发人员可以为 HttpApplication 基类的事件定义处理程序。示例代码如下：

```
<script language="C#" runat="server">
void Application_Start(object sender，EventArgse)
{
    //Application startup code goes here
}
</script>
```

如果事件处理代码需要导入附加的命名空间，可以在 .aspx 页中使用 @ import 指令。代码如下：

```
<%@ImportNamespace="System.Text" %>
```

常用 Global.asax 文件代码如下：

```
<scriptlanguage="C#"runat="server">
    void Application_Start(Object sender，EventArgse)
    {
        // 在此添加应用程序的启动代码
    }
    void Application_End(Object sender，EventArgse)
    {
        // 在此清理应用程序资源
    }
    void Session_Start(Object sender，EventArgse)
    {
        Response.Write(" 正在启动会话…<br>"）;
    }
```

```
void Session_End(Object sender，EventArgse)
{
    // 在此清理会话资源
}
void Application_BeginRequest(Ohiect sender，LventArgs E)
{
    Response.Write("<h3><font face='Verdana'> 使用 Global.asax 文件
        </font></h3>"）；
    Response.Write(" 正在启动请求…<br>")；
}
void Application_EndRequest(Object sender，EventArgse)
{
    Response.Write(" 正在结束请求…<br>")；
}
void Application_Error(Object sender，EventArgse)
{
    Context.ClearError()；
    Response.Redirect("errorpage.htm")；
}
</script>
```

其中，常用方法含义如下：

·Application_Start：提供作用域为应用程序初始化；

·Application_Error：当异常情况没有被捕获时，调用此方法；

·Application_End：把应用程序开始 / 停止时间记录到日志上；

·Session_Start：每次新的会话开始时调用来初始化用户信息；

·Session_End：清除为会话逗留的数据。

三、应用程序状态管理

应用程序和其存储的所有对象可以同时由不同线程访问，所以最好只将很少修改的数据与应用程序范围一起存储。对象在 Applicaticm_Start 事件中初始化，对它的进一步访问是只读的。如果要实现文件在 Application_Start 中读取，内容则以应用程序状态存储在 DataView 对象中，其 C# 代码如下：

```
void Application_Start()
{
    DataSet ds=new DataSet()；
```

167

```
FileStream fs=new FileStream(Server.MapPath("schemadata.xml"),
    FileMode.Open，FileAccess.Read ）;
StreamReader reader=new StreamReader(fs) ;
ds.ReadXml(reader) ;
fs.Close() ;
DataView view=new DataView(ds.Tables[0]) ;
Application["Source"]=view ;
}
```

在 Page_Load 方法中，DataView 随后被检索并用于填充 DataGrid 对象，其 ASP.NET 代码如下：

```
<script language="C#"runat="server">
    void Page_Load(Object Src，EventArgs e)
    {
        DataView Source=(DataView)(Application["source"]) ;
        MySpan.Controls.Add(new LiteralControl(Source.Table.TableName)) ;
MyDataGrid.DataSource=Source ;
        MyDataGrid.DataBind() ;
    }
</script >
```

只有第一个请求付出检索数据的代价，所有后面的请求则使用已有的 DataView 对象。由于数据自初始化后从不修改，所以不必为序列化访问做任何规定。

为了在会话期间为用户提供单独的数据，数据可与会话范围一起存储。需要在 Global. asax 文件中的 Session_Start 事件中初始化用户首选项的值，其代码如下：

```
<script language="C#"runat="server">
    void Session_Start(Object sender，EventArgse)
    {
        Session["BackColor"]="beige" ;
        Session["ForeColor"]="black" ;
        Session["LinkColor"]="blue" ;
        Session["FontSize"]="8pt" ;
        Session["FontName"]="verdana" ;
    }
</script>
```

在自定义页中，根据用户输入在 Submit_Click 事件处理程序中修改用户首选项的值，其 C# 代码如下：

```
void Submit_Click(Object sender，EventArgse)
{
    Session["BackColor"]=BackColor.Value；
    Session["ForeColor"]=ForeColor.Value；
    Session["LinkColor"]=LinkColor.Value；
    Session["FontSize"]=FontSize.Value；
    Session["FontName"]=FontName.Value；
    if（ViewState[" 引用站点 "]！ =null）
    {
        Response.Redirect(ViewState[" 引用站点 "].ToString())；
    }
}
```

可以使用 GetStyle 方法检索个别值，其 C# 代码如下：

```
String GetStyle(Stringkey)
{
    return Session[key].ToString()；
}
```

四、ASP.NET Web 发布

（一）Web 服务器中的 IIS

互联网信息服务（Internet Information Services，IIS），是由微软提供的基于运行 Microsoft Windows 的互联网基本服务，是 Windows 2000 以上操作系统的一个组件，可以直接从操作系统自带的控制面板中添加。

任何一个站点能够被 Internet 或 Intranet 中其他用户访问的最基本前提是该站点拥有一个固定的 IP 地址或域名。如果在服务器中存在多个站点，可能需要在一块网卡上创建多个 IP 地址。每个 Web 站点必须有一个"主目录"。该目录实际上是位于服务器上的存放站点所有文件的文件夹，可以在服务器端通过 Windows 资源管理器创建该文件夹。"主目录"是 Web 站点的"根"目录，映射为站点的 IP 或域名。当用户使用不带文件名的 URL 访问站点时，请求将自动指向该目录下的默认文档。通过 IIS 使得在网络（包括 Internet 和 Intranet）上发布信息成了一件很容易的事。

（二）发布应用程序

使用 IIS 管理器发布 Web 站点可以通过两个途径实现：使用"导入 Web 配置文件"或使用"Web 安装程序"的方法。

（1）导入 Web 配置文件：首先用 IIS 创建 ASP.NET 应用程序的根目录，所有的网站程序都是用 IIS 虚拟目录作为其应用程序的根目录。然后导入 Web 站点存放的物理路径，就建立好了虚拟目录。在浏览器中输入"localhost",或者用 Web 服务器的域名或者 IP 地址替换"localhost",那么就可以正常访问 ASP.NET 的应用程序了。

（2）Web 安装程序：首先，Web 安装程序类似于常用的 Windows 安装程序，用户可在服务器上运行安装包中的 setup.exe 文件启动安装向导，并在向导的指引下将网站发布到 Web 站点中。然后，将生成的安装程序通过光盘、移动硬盘、U 盘或网络传送到 Web 服务器中，双击安装包中 setup.exe 文件启动安装向导。安装过程与其他 Windows 应用程序的安装过程十分相似，绝大多数步骤均可取系统提供的默认值。

第七章 ADO.NET 编程

本章介绍 ADO.NET 编程，并使用 ADO.NET 访问、更新、绑定数据。首先概要介绍 ADO.NET；然后学习 ADO.NET 对象模型，以及 ADO.NET 对关系型数据模型的支持；最后给出了两种访问数据的方法：一是手工编写 C# 代码，使用 ADO.NET 数据访问库访问数据；二是使用 VS.NET 中的向导访问数据。

第一节 ADO.NET 概述

ADO.NET 是微软开发的面向对象的数据访问库，由类、接口、枚举和其他工具所组成，用来帮助 .NET 应用程序访问各种数据源，为数据访问提供面向对象的、功能强大的、高效的工具包。

ADO.NET 是 .NET 框架中的一个组成部分，为应用程序提供了对数据访问的能力。ADO.NET 是 ADO（ActiveX Data Objects）技术的延伸，不要把 ADO.NET 认为是运行在 .NET 上的 ADO，ADO.NET 在平台无关性、可伸缩性和高性能的数据访问等方面比 ADO 先进。

ADO.NET 支持以下两种访问数据的环境：

（1）已连接环境：已连接环境首先建立与数据库的连接，然后使用命令更新、删除和读取连接源上的数据，最后关闭连接。用户或应用程序持续连接到数据源。

（2）非连接环境：用户或应用程序并非一直和数据源保持连接，只在读取和更新数据源时打开连接。用户可以在非连接的计算机上使用数据子集，以后再将更新提交到数据源。缺点是加载 DataSet（数据集）需要一定的时间，另外还需要内存来存储 DataSet。

命名空间：表 7-1 所列的命名空间提供了在 .NET 数据访问中使用的类。

表 7-1　命名空间及类

命名空间	在 .NET 数据访问中使用的类
System.Data	所有的一般数据访问类
System.Data.Common	各个数据提供程序共享的类
System.Data.OleDb	OLE Db 提供程序的类
System.Data.SqlClient	Sql Server 提供程序的类
System.Data.SqlTypes	Sql Server 数据类型

一、ADO.NET 对象模型

ADO.NET 对象模型由两个主要部分组成：.NET Data Provider（.NET 数据提供者）和 DataSet。ADO.NET 的基本体系结构见图 7-1。

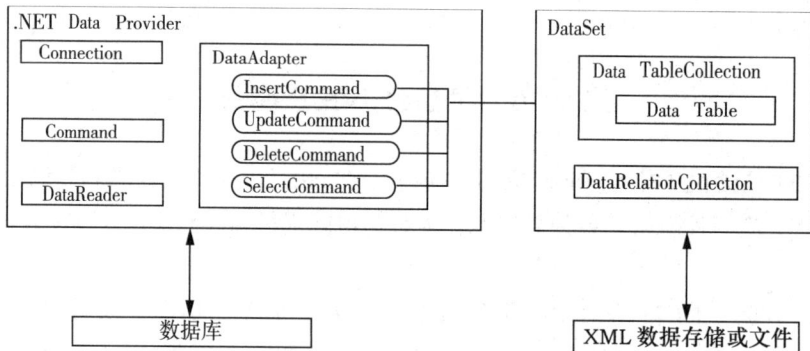

图 7-1　ADO.NET 的基本体系结构

.NET 数据提供者包含许多针对数据源的组件，利用这些组件可以连接到不同类型的数据源，DataAdapter 作为 DataSet 和数据源之间的桥梁，用来填充 DataSet 及更新数据源；DataSet 以表格方式在程序中放置数据，它并不与数据源连接。DataSet 中的数据可以来自数据库、XML 数据存储或文件。

二、.NET Data Provider 介绍

.NET DataProvider（.NET 数据提供者）由一组面向对象的类组成，使用这些类可以访问具体类型的数据源。也就是说，.NET 数据提供者提供一种方式，可以针对具体类型的数据源执行数据操作。例如，使用 .NET 数据提供者对 SQL Server 数据库或 OLE DB 数据源进行读取、更新、插入等数据操作。其主要任务是从数据源获取数据，传递到 DataSet 对象，供应用程序在非连接的环境中使用。

（一）ADO.NET 提供 .NET Data Provider 类

主要是 SQL Server.NET Data Provider 和 OLE DB.NET Data Provider。另外，微软还开发了 ODBC.NET Data Provider 等，各第三方数据库供应商也在开发一些 Data Provider。

（1）SQL Server.NET Data Provider：可以使用 SQL Server.NET Data Provider 访问 SQL Server7.0 及更高版本数据库。因为它直接访问 SQL Server 而不是通过 OLE DB Provider 中转，所以能提供更好的性能。

（2）OLE DB.NET Data Provider：可以使用 OLE DB.NET Data Provider 访问 SQL Server 6.5 或更早版本的数据库、Oracle 数据库和 Microsoft Access 数据库（图 7-2）。

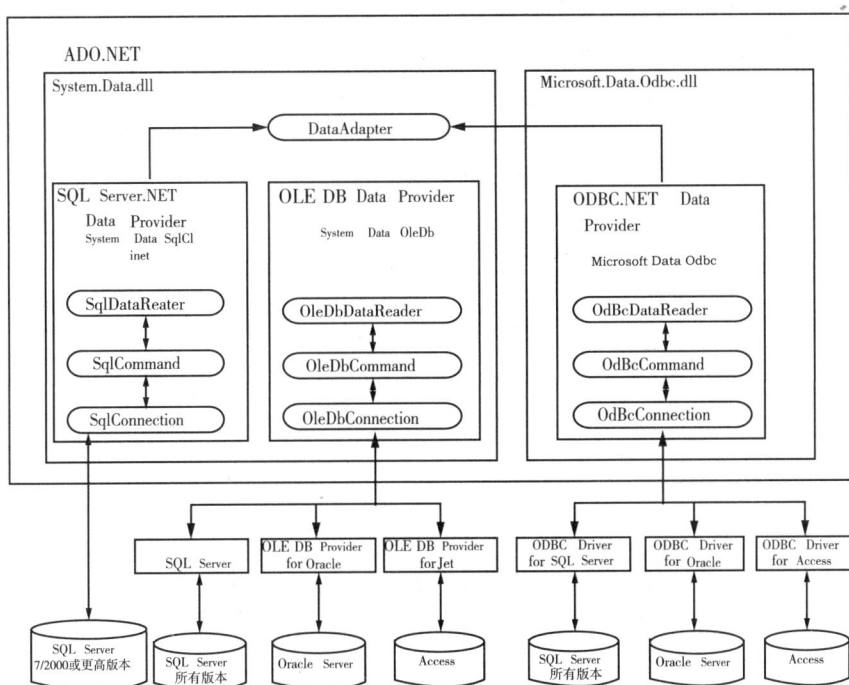

图 7-2　.NET 的数据提供者

（二）使用 System.Data 命名空间

在 C# 代码中使用 ADO.NET，首先是引用 System.Data 命名空间，在使用 ADO.NET 程序的开端写入 using System.Data。SQL Server.NET Data Provider 在 System.Data.SqlClient 命名空间中定义，它包含于 System.Data.dll 程序集合中（图 7-2），所以使用 using System.Data.SqlClient 引用 SQL Server.NET Data Provider。如果想引用 OLE DB.NET Data Provider，则使用 usingSystem.Data.OleDb。

（三）.NET Data Provider 的核心类

Connection 类：建立并管理与指定数据源的连接。例如，OleDbConnection 类可以连接到 OLE DB 数据源。

Command 类：执行数据源的查询命令。例如，SqlCommand 类可以在 OLE DB 数据源中执行 SQL（Structured Query Language 结构化查询语言）语句。

DataAdapter 类：隐式使用 Connection 类、Command 类和 DataReader 类来填充 DataSet 对象，并将 DataSet 的任何更改更新到数据源中。

DataReader 类：从数据源中获取一个高效的、只向前的、只读的数据流。DataReacler 是一个依赖于连接的对象，只有在连接处于打开状态的情况下才能使用。DataReader 是只读的，不能更改数据库中的记录，所以只能从头到尾遍历记录，不能在某条记录处停下来往回移动。

（四）实现标准的 ADO.NET 接口

为了让 .NET Data Provider 简化对数据源的访问，保证同一个对象模型适用于所有的数据源，.NET Data Provider 的类必须实现 System.Data 命名空间中定义的接口（表 7-2）。

表 7-2　类及接口

类　　名	实现标准的 ADO.NET 接口	类　　名	实现标准的 ADO.NET 接口
Connection	IDbConnection	DataAdapter	IDataAdapter
Command	IDbCommand	DataReader	IDataReader

三、DataSet 介绍

DataSet 是非连接的、与数据源无关的、内存中关系型数据的高速缓存区，是 ADO.NET 的非连接架构的核心部分。非连接意味着 DataSet 在脱机模式下进行操作；与数据源无关意味着，不论 DataSet 中包含的数据是来自关系型数据库、XML 文档，还是通过用户接口以编程的方式输入的，数据的表示方式都是相同的。

DataSet 中各个对象的层次结构见图 7-3，可以看出，DataSet 类位于层次结构的顶层。

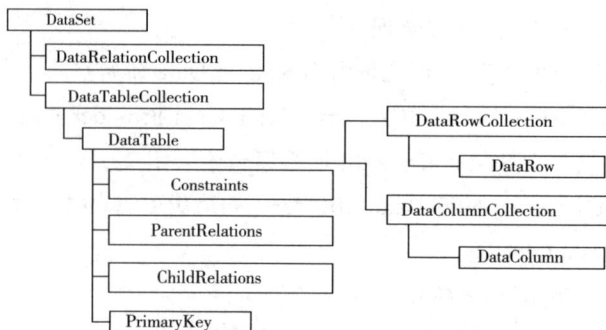

图 7-3　DataSet 各个对象的层次结构

DataTable 表示内存中的一个数据表。DataTable 由各个列组成，可以包含多个行。DataTable 可以有一个由多个列组成的 PrimaryKey（主键）。

DataRow 代表 DataTable 中的一行数据。

DataColumn 表示 DataTable 中的列的模式或数据结构的类，是构成表的数据结构的核心，它确定在列中的数据的类型和大小。

（一）DataSet 的集合

DataSet 的集合见图 7-4。

DataSet 包含如下集合：

Tables 是 DataTable 对象的集合，而 DataTable 对象是 DataColumn 对象和 DataRow 对象的集合。

Relations 是一个 DataRelation 对象的集合，可用来描述表之间的关系。

Constraints 用来确保数据完整性。

DataRelation 是 DataSet 中两个 DataTable 之间的链接，用于外键码和主 / 从关系。

Constraint 为 DataColumn（或一组数据列）定义规则。

DataTable 见图 7-5。

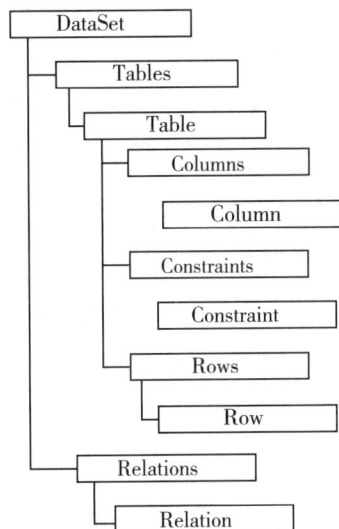

图 7-4　DataSet 的集合

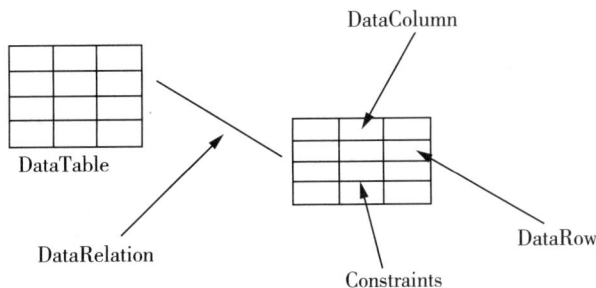

图 7-5　DataTable

（二）DataSet 的常用方法

DataSet 的常用方法见表 7-3。

表 7-3　DataSet 的常用方法

方　法	说　明
Clear	通过删除 DataSet 包含的所有表中的所有行，去清除数据
Clone	复制 DataSet 的结构（即 DataTable 模式、关系和约束条件），但不复制任何数据

175

（续　表）

方　法	说　明
Copy	复制 DataSet 的结构和数据
Merge	把一个 DataSet 和另一个 DataSet 合并
AcceptChanges	提交自从上次调用 AcceptChanges 或加载 DataSet 以来，对 DataSet 所做的改动
RejectChanges	撤销自从上次调用 AcceptChanges 或创建 DataSet 以来，对 DataSet 所做的改动
GetChanges	返回一个 DataSet 的副本，那个 DataSet 中包含自从上次加载 DataSet 以来或调用 AcceptChanges 以来所发生的变化
HasChanges	返回一个值，那个值将会指出 DataSet 是否已经发生变化
GetXml	以 XML 格式返回保存在 DataSet 中的数据
GetXmlSchema	返回 XSD 架构，以便把保存在当前 DataSet 中的数据表示为 XML
ReadXml	把 XML 架构和数据读取到 DataSet 中
ReadXmlSchema	把 XML 架构读取到 DataSet 中
WriteXml	把 DataSet 中的数据写为 XML 数据和架构（如果需要架构的话）
WriteXmlSchema	把 DataSet 结构写为 XML 架构

值得注意的是，DataSet 和 DataReader 最大的区别在于 DataReader 使用时始终占用 SqlConnection，在线操作数据库。任何对 SqlConnection 的操作都会引发 DataReader 的异常。因为 DataReader 每次只在内存中加载一条数据，所以占用的内存是很小的。DataReader 具有特殊性和高性能，所以 DataReader 是只读的，在读了第一条后就不能再去读取第一条了。

DataSet 是将数据一次性加载在内存中，抛弃数据库连接，读取完毕即放弃数据库连接。因为 DataSet 将数据全部加载在内存中，所以比较消耗内存。但是，的确比 DataReader 要灵活，可以动态地添加行、列、数据，以及对数据库进行回传更新操作等。

（三）DataTable 类

DataTable 表示内存中的一个数据表，在 DataSet 层次结构中接近于顶层位置，可以把 DataTable 看作传统数据库表的面向对象的抽象。DataTable 由各个列组成，可以包含多个行。它可以具有一个由多个列组成的主键，还可以与其他表联系起来。

创建表的方式有两种：①当把数据加载到 DataSet 中时，可以自动创建一些 DataTable；②以编程的方式创建 DataTable，也就是说，首先实例化一个新的 DataTable 对象，然后把那个实例添加到 DataSet 的 Tables 集合中。

DataSet ds=new DataSet()；　　　// 创建一个新的空 DataSet；

ds=new DataTable("Customers")；　// 创建名为 Customers 的 DataTable；

ds.Tables.Add(ds)；// 把 DataTable 放到 DataSet 中。

DataTable 的常用方法见表 7–4。

表 7–4　DataTable 的常用方法

方　　法	说　　明
Clone	创建表的一个完全相同副本，其中只包含表的结构信息（即模式）
Copy	创建表的一个副本，副本中既包含结构（模式），又包含数据
Clear	清空表中所有数据
Reset	用于把表恢复到其原始状态
NewRow	创建一个新行，新行具有与表相同的模式
ImportRow	把一个 DataRow 实例导入表中。根据表模式中的每一个列，把默认值赋给新行，并保存新行状态
LoadDataRow	根据输入在表中查找一个行，并对那个行进行修改。如果表中没有符合条件的行，则使用所提供的值去创建一个新行
Select	此方法返回一个由 DataRow 对象组成的数组，其中的 DataRow 对象都符合一个标准
AcceptChanges	提交表中所有未决变化。实际上这个方法并没有把变化保存到数据库中，而是把行标记为"被更新"
RejectChanges	回滚（或取消）自从上次调用 AcceptChanges 或加载表以来所发生的变化
GetChanges	自从创建表或调用 AcceptChanges 以来，可能对表中一些行进行了改动。这个方法将创建一个只包含那些被改动过行的 DataTable 副本
GetErrors	返回一个由 DataRow 实例所组成的数组，那些实例都被标记为"包含有错误"

DataTable 主要由 DataColumn 和 DataRow 对象组成。

DataColumn 类表示 DataTable 中列的模式或数据结构的类，DataColumn 是构成表的数据结构的核心，确定了列中数据的类型和大小。

列的模式有两种创建方式：一是通过 DataAdapter 创建；二是以手工方式配置列。

DataRow 类的对象代表 DataTable 中的一行数据，DataRow 对象的方法提供了表中数据插入、删除、更新等功能。

四、关系型数据模型

在传统的关系型数据库中，可以定义多个表之间的关系，指定一个表中的各个列怎样与另一个表中的列联系起来。通过外键、主键和约束，可以完成表与表之间的联系。下面将讨论在 DataSet 的环境中使用约束、键码和关系。

（一）约束和键码

约束（Constraint）是一种限制或规则。定义了规则之后，当 DataTable 中的数据发生变化时，这种规则（约束）自动应用于表中的列或是相关的列。

注意：要想使约束起作用，首先创建约束，然后把 DataSet 的 EnforceConstraints 属性设置成 true。

（1）DataSet 有两种约束：唯一性约束和外键约束。

唯一性约束：UniqueConstraint 类可以保证单行数据中数据的唯一性。UniqueConstraint 类可以赋给单个列，也可以赋给一组列。例如：

DataTable customers=CustomDataSet.Tables["Customers"]；

UniqueConstraint uc=new UniqueConstraint(new DataColumn[ ] {

    customers.Columns["CustomerID"]，customers.Columns["CompanyName"]})；

customers.Constraints.Add(uc)；

这里在两个列上创建 UniqueConstraint，对于每一行，要求 CustomerID 和 CompanyName 列的组合必须是唯一的。

外键约束：ForeignKeyConstraint 提供了一种方法用于定义包含主键的表发生变化时，包含外键的表应该进行的相应操作。它主要用于定义执行更新和删除操作时应产生的结果。ForeignKeyConstraint 类定义了 UpdateRule 和 DeleteRule 两个属性来控制更新和删除。

DeleteRule 属性和 UpdateRule 属性的值：

·Cascade：针对所有相关的行执行删除或更新操作。这是 DeleteRule 和 UpdateRule 的默认值。

·None：针对相关的行不进行任何操作。

·SetDefault：把相关行中的值设置为默认值，默认值由 DataColumn 的 DefaultValue 属性指出。

·SetNull：把相关行中所有值设置为 Null。

例如：

DataTable custOrders=orderDataSet.Tables["Orders"]；

DataTable custOrderDetail=OrderDataSet.Tables["OrderDetails"]；

DataColumn orderIdMaster=custOrders.CoIumns["OrderId"]；

DataColumn orederIdChild=custOrderDetail.Columns["OrderId"]；

ForeienKeyConstraint fkc=new ForeignKeyConstrait("OrdersFKC"，orderIdMaster，

    orderIdChild)；

fkc.DeleteRule=Rule.Cascade；

fkc.UpdateRule=Rule.None；

这里创建了一个外键约束，设置了规则：删除一个订单将会删除所有订单细节行，更改

订单将不会自动更新订单细节。

（2）主键：表的主键是唯一能够把表中一行和其他行区分开来的列（或列的集合）。

表的主键是通过 DataTable 类的 PrimaryKey 属性的设置来定义的。

例如，定义一个单列的主键如下：

customerTable.PrimaryKey=new DatatColumn[]{customerTable.Columns["CustomerID"]}；

    // 或者按照以下方式设置多列主键：

DataColumn[ ] pkeyArray=new DataColumn[2]；// 创建一个数组

pkeyArray[0]=customerTable.Columns["CustomerID"]；

pkeyArray[1]=customerTable.Columns["CompanyName"]；

customerTable.PrimaryKey=pkeyArray；// 把数组变量 pkeyArray 赋给表的 PrimaryKey 属性

（二）关系

关系（DataRelation）指的是两个表之间的关系。表之间的关系是根据表中相关的列定义的。在关系型数据库中，关系是一种特殊的外键约束的集合。为了把一个表与另一个表联系起来，可以简单地创建一个新的 DataRelation，它将指出一个表中的哪一个列与另一个表中的哪一个列相联系。

第二节　ADO.NET 应用程序

下面介绍应用程序如何使用 ADO.NET 访问数据库，创建使用 ADO.NET 的应用程序。内容包括如何连接数据库，使用 DataReader 从数据库中读取数据；如何创建 DataAdapter 对象，并用其来填充 DataSet 对象及更新数据源；如何把 DataSet 对象绑定到 DataGrid 控件等。

一、连接数据库

无论是使用已连接环境还是非连接环境，访问数据源的第一步都是创建一个连接对象，把它作为应用程序和数据库之间的通信途径。

使用 Connection 对象连接指定的数据源，可使用 SqlConnection 对象连接 SQL Server 数据库，或使用 OleDbConnection 对象连接到其他类型数据源。

1. 连接 SQL Server：SqlConnection 类定义 / 两个构造函数，一个不带参数，另一个接收连接字符串，所以可以使用下面的两种方法来实例化连接：

SqlConnection cn=new SqlConnection(ConnectionString)；

cn.Open()；// 打开连接

//do something；

cn.Close()；// 关闭连接

或者:

SqlConnection cn=new SqlConnecuon();

cn.ConnectionString=ConnectionString;

cn.Open();

//do something;

cn.Close();

注意:不要忘记关闭连接!

2. 连接 OLE DB 数据源: OleDbConnection 类定义了两个构造函数, 一个不带参数, 另一个接收连接字符串。

若要连接 OLE DB 数据源, 只需将上面代码中的 SqlConnection 用 OleDbConnection 代替即可。

二、命令的执行

建立了数据库连接之后, 就可以执行数据访问操作和数据操纵操作了。数据操作可以概括为 CRUD, 即 Create、Read、Update 和 Delete。ADO.NET 要求使用 Command 对象执行数据库命令。

示例: 数据库命令的执行。

首先, 需要先设置命令文本 (CommandText)。例如:

String CommandText="SELECT CustomerID, CompanyName FROM Customers"

接下来, 创建一个 Command 对象。Command 对象要求执行 Connection 对象和 CommandText 对象。可以按照以下三种方法来创建 Command 对象。

方法一: 默认构造函数, 不带参数:

SqlCommand cmd=new SqlCommand();

cmd.Connection=ConnectionObject;

cmd.CommandText=CommandText;

方法二: 构造函数接收一个命令文本:

SqlCommand Cmd=new SqlCommand(CommandText);

cmd.connection=ConnectionObject;

方法三: 构造函数接收一个命令文本和一个 Connection 对象:

SqlCommand cmd=new SqlCommand(CommandText, ConnectionObject);

最后就可以利用 Command 对象执行数据库操作了。Command 的常用方法见表 7-5。

表7-5　Command 的常用方法

名　　称	返回值	描　　述
ExecuteNonOuery	int	执行命令并返回受影响的行数
ExecuteReader	DataReader	执行命令并返回 DataReader 对象的新实例
ILxecuteScalar	obiect	执行命令并返回结果集中第一行中第一列的值
ExecuteXmlReader（只使用 SqlCommand）	XmlReader	执行命令并返回 XmlReader 对象的新实例

例如：

int count=cmd.ExecuteNonQuery()；//count 值为执行命令后受影响的行数。图 7-6 展示了 DataReader、Command 和 Connection 类之间的关系。

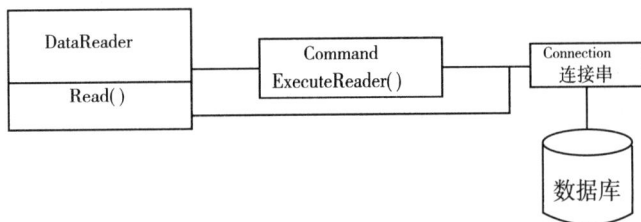

图 7-6　DataReader、Command 和 Connection 类之间的关系

首先是使用 Connection 建立与数据库的连接，然后执行数据库的查询命令，最后使用 DataReader 从数据库读取数据。

三、创建 DataAdapter 对象

DataAdapter 对象是 .NET Data Provider 的一部分，可以作为 DataSet 对象和数据源之间的桥梁，用来填充 DataSet 对象及更新数据源（图 7-7），或在 DataSet 的 DataTable 对象和 SQL 语句返回结果之间交换数据。当应用程序传送多个查询到数据库时，每个查询都使用一个 DataAdapter 对象。

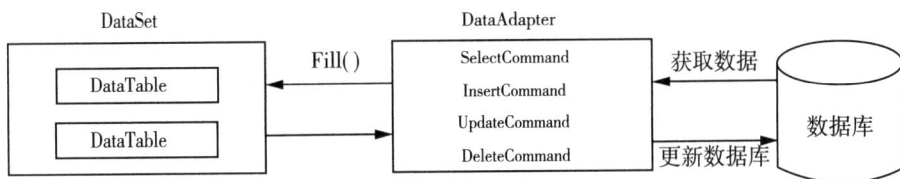

图 7-7　DataAdapter 填充 DataSet 及更新数据库

181

1. 数据库基本的 DataAdapter：.NET 包含两种最基本的 DataAdapter。OleDbDataAdapter 适合与 OLE DB Provider 一起使用；SqlDataAdapter 适用于 Microsoft SQL Server 7.0 或更高版本的数据库，它比 OleDbDataAdapter 性能更好，因为它直接使用 SQL Server，而没有通过 OLE DB 中转。

2. DataAdaper 属性：用 DataAdapter 对象操作数据源中的记录时，执行何种操作取决于其四个属性，见表 7-6。

表 7-6 DataAdaper 属性

属　　性	描　　述
SelectCommand	从数据源读取记录
InsertCommand	将新添加的记录从 DataSet 写入数据源
UpdateCommand	将更改的记录从 DataSet 写入数据源
DeleteCommand	删除数据源中的记录

3. DataAdapter 方法：可使用 DataAdapter 提供的方法更新数据源或填充 DataSet，这些方法见表 7-7。

表 7-7 DataAdapter 方法

方　　法	说　　明
Fill	可以把数据源的记录添加（或刷新）到 DataSet 表中。Fill 方法使用 SelectCommand 属性中指定的 Select 语句
Update	可将 DataSet 中的数据更新到对应数据源。该方法为 DataSet 中 DataTable 的每条要更改的记录调用对应的 INSERT、UPDATE 或 DELETE 命令
Close	使用该方法关闭数据库连接

四、将数据绑定到 DataGrid

DataGrid 控件呈现表格式数据绑定网格。

数据绑定是一种机制，允许可视化控件，如 DataGrid、ComboBox、ListBox 或 TreeView，与特定的数据源绑定在一起。

允许定义各种类型的列，有的用于控制网格的单元格内容的布局，如绑定列和模板列；有的用于添加特定功能，如编辑按钮列和超级链接列等。该控件还支持各种用于在数据中进行分页的选项。

（一）绑定到 ASP.NET DataGrid

设置 DataGrid 的 DataSource 和 DataMember 两个属性，指定 DataGrid 要绑定的数据源；

调用 DataGrid 的 DataBind 方法将数据填充到 DataGrid。

例如，在数据连接打开的情况下：

DataGrid1.DataSource=Com.ExecuteReader()；

DataGrid1.DataBind()；

（二）Windows Forms 中的 DataGrid

在 Windows Form 应用程序中，只需要设置 DataGrid 的 DataSource 和 DataMember 两个属性，即可完成绑定；还可调用 DataGrid 的 SetDataBinding 方法在运行时完成数据的绑定，此方法声明如下：

void DataGrid.SetDataBinding(object DataSource，string dataMember)

第三节　ADO.NET 数据向导技术

Visual Studio.NET 数据环境有许多工具，利用这些工具可以自动生成访问数据库所需的大部分代码，利用该功能可以快速建立数据库应用程序的模型。下面介绍利用 .NET 连接到数据库，并在应用程序中显示数据。

一、建立连接

建立数据库连接的步骤如下：

首先，选择菜单中的"工具"→"连接到数据库"，见图 7-8；然后，在弹出"添加连接"窗口中选择数据源和要连接的数据库文件名，这里选择"Microsoft Access 数据库文件（OLE DB）"数据源，如图 7-9，数据库文件名选 C:\tt\nwind.mdb；第三，为了测试是否已连接到数据库，单击"测试连接"按钮，若弹出"测试连接成功"对话框，说明已经和数据库建立了连接；最后，单击"确定"按钮，就完成了数据库连接的建立。

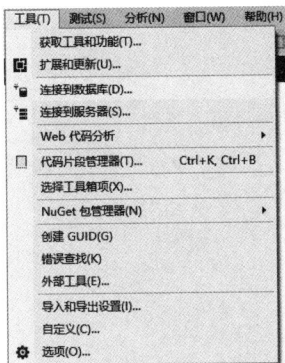

图 7-8　"连接到数据库"菜单　　图 7-9　"添加连接"对话框

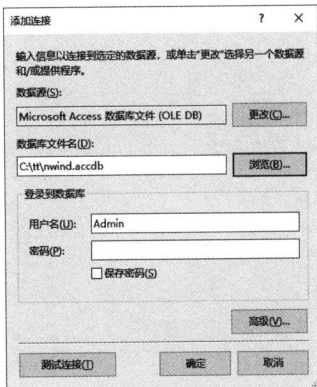

183

成功创建的连接可以在"服务器资源管理器"中查看其详细信息。需要执行如下操作：

选择菜单中"视图"→"服务器资源管理器"或按 Ctrl+Alt+S 组合键。"服务器资源管理器"选项卡显示在屏幕左边，单击该标签。

在"服务器资源管理器"中，展开数据连接前的"+"，将出现刚才连接的数据库；展开 ACCESS∶C:\tt\nwind.mdb 前的"+"，可以看到 nwind.mdb 数据库包含"表""视图""存储过程""函数"；展开"表"前的"+"，可以看到 nwind.mdb 数据库包含 Categories，Customers 等表，通过展开 Customers 表前的"+"，将看到 Customers 表所包含的各个列。

二、添加 DataGridView

DataGridView 以表格的方式显示记录，现在要将数据绑定到 DataGridView 控件。新建"Windows 应用程序"，从工具箱中拖放 DataGridView 到 Form1 窗体上。在 DataGridView 任务框"选择数据源"中，如果没有数据源，则需要添加项目数据源；如果有数据源，则需要在 DataGridView 控件中选择绑定的数据库中表的列。在窗体下方会显示 nwindDataSet 对象、customersBindingSource 对象和 customersTableAdapter 对象，调整 DataGridView 在窗体中的大小，编译运行。

第八章 C# 编程案例分析——图书馆管理信息系统

通过对 C# 基本语法、数组、函数、循环语句、面向对象技术分析等研究，读者对 C# 有了基础性的编程认识。运用前面的 C# 语言设计一套图书馆管理信息系统，该系统具有如下特点：第一，实现图书的归档、借出、归还和查找等操作；第二，实现对图书的借阅情况、读者的管理情况、书库的增减等操作；第三，界面设计简单、操作方便。该系统后台数据库采用 Microsoft Access，前台采用 Visual C# 作为主要开发语言。采用 ADO.NET 技术连接数据库，完成对数据库的一系列操作。该系统按照面向对象的思想设计系统，进行程序开发。

第一节 图书馆管理信息系统概述

一、系统功能

图书馆管理系统是典型的信息管理系统 (MIS)，其开发主要包括后台数据库的建立和维护以及前端应用程序的开发两个方面。一方面要求建立起数据一致性和完整性强、数据安全性好的库；另一方面则要求应用程序功能完备，易使用。图书管理处理中心若以手工方式处理，则工作量大，容易出错。以信息化处理手段进行管理，可以提高工作效率和管理水平。

图书馆作为提供学习的场所，不仅要求便于管理，而且要求对读者和借阅者提供方便快速的查找、借阅和登记手续。

图书馆需要统一图书的管理，对各类书籍的借阅情况和图书馆的现有藏书数量、种类要及时掌握。为了减少旧书和大量内容重复多余的图书占用有限的空间，尽量做到图书种类的齐全，图书馆的管理人员需要及时对图书进行上架和注销的处理。

图书管理涉及图书信息、系统用户信息、读者信息、图书借阅等多种数据管理。从管理的角度可将图书分为三类，即图书信息管理、系统用户管理、读者数据管理。图书信息管理包括图书征定、借还、查询等操作，系统用户管理包括系统用户类别和用户数据管理，读者数据管理包括读者类别管理和个人数据的录入、修改和删除。

本系统的功能主要包括以下几个方面：

1. 能随时查询书库中图书的库存量，以便及时准确、及时、方便地为读者提供借阅信息。但不能修改数据，无信息处理权，即可以浏览数据，管理权限由系统管理员掌握和分配。

2. 图书馆各项数据信息必须保证安全性和完整性。

3. 系统管理员定时整理系统数据库，实现对图书的借阅情况、读者的管理情况、书库的增减等操作，并将运行结果归档。

二、系统预览

图 8-1 为图书馆管理信息系统的登录界面。输入用户名和密码（默认用户名和密码分别为 admin 和 admin，为系统管理员用户；工作人员用户名与密码分别是 root 和 root；读者的用户名和密码分别是 1 和 1111），单击"确定"，进入主程序界面（图 8-2），该界面为系统管理员界面。

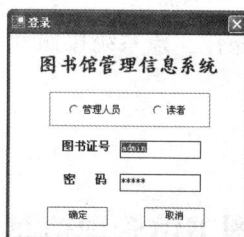

图 8-1　登录界面

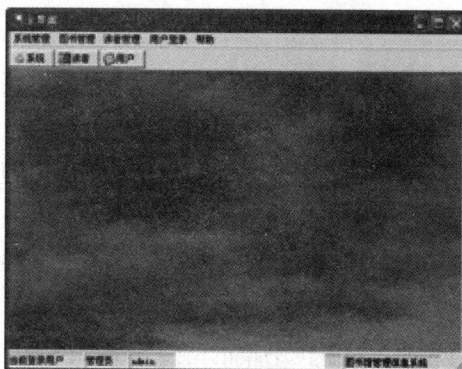

图 8-2　应用程序主界面

第二节　图书馆管理信息系统概要设计

一、系统设计思想

图书馆管理系统应具有以下主要功能：图书借阅者的需求是查询图书室所存的图书、个人借阅情况及个人信息的修改；图书馆工作人员对图书借阅者的借阅及还书要求进行操作，同时形成借书或还书报表给借阅者查看确认；图书馆管理人员的功能最为复杂，包括对工作人员、图书借阅者、图书进行管理和维护，及系统状态的查看、维护等。

图书借阅者可直接查看图书馆图书情况，图书借阅者根据本人借书证号和密码登录系统，可以进行本人借书情况的查询和维护部分个人信息。一般情况下，图书借阅者只能查询和维护本人的借书情况和个人信息，若查询和维护其他借阅者的借书情况和个人信息，就要知道其他图书借阅者的借书证号和密码。这些是很难得到的，特别是密码，所以该系统不但满足了图书借阅者的要求，还保护了图书借阅者的个人隐私。

图书馆工作人员有修改图书借阅者借书和还书记录的权限，所以需对工作人员登录本模块进行更多的考虑。在此模块中，图书馆工作人员可以为图书借阅者加入借书记录或是还书记录，并打印生成相应的报表给用户查看和确认。

图书馆管理人员功能的信息量大，数据安全性和保密性要求最高。本功能实现对图书信息、借阅者信息、总体借阅情况信息的管理和统计，工作人员和管理人员信息查看及维护。图书馆管理员可以浏览、查询、添加、删除、修改、统计图书的基本信息；浏览、查询、统计、添加、删除和修改图书借阅者的基本信息；浏览、查询、统计图书馆的借阅信息，但不能添加、删除和修改借阅信息，这部分功能应该由图书馆工作人员执行。但是，删除某条图书借阅者基本信息记录时，应实现对该图书借阅者借阅记录的级联删除。

具体功能如下：

（1）设计不同用户的操作权限和登录方法；

（2）对所有用户开放的图书查询；

（3）借阅者维护借阅者个人部分信息；

（4）借阅者查看个人借阅情况信息；

（5）维护借阅者个人密码；

（6）根据借阅情况对数据库进行操作并生成报表；

（7）根据还书情况对数据库进行操作并生成报表；

（8）查询及统计各种信息；

（9）维护图书信息；

（10）维护工作人员和管理员信息；

（11）维护借阅者信息。

二、功能模块设计

通过对用户需求和系统的设计思想的分析，图书馆管理信息系统大致可以分为三大模块：图书管理人员维护管理模块、图书工作人员借还管理模块、借阅者查询模块。

（一）图书管理人员维护管理

（1）系统管理模块：系统用户身份的分类、录入、修改与删除。

（2）图书管理模块：图书数据的录入、修改、删除与校审等。

（3）借阅者管理模块：借阅者个人数据的录入、修改和删除等。

（二）图书工作人员借还管理

包括图书的借阅、续借、返还；图书借阅数据的修改和删除；图书书目查询等。

（三）借阅者查询

图书书目查询；借阅情况查询；

本系统的系统结构功能图见图8-3。

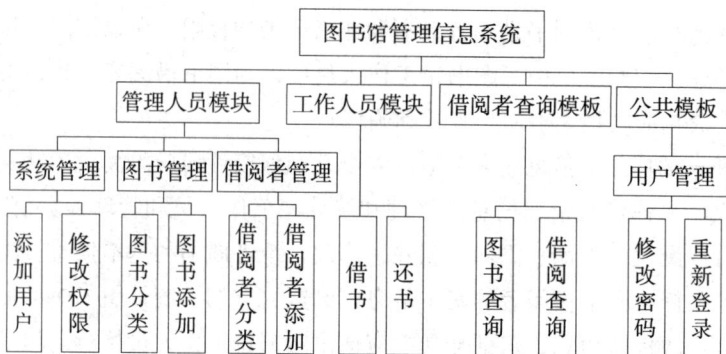

图8-3 系统功能结构图

第三节 图书馆管理信息数据库设计

一、数据库概念设计

在概念设计阶段中，设计人员从用户的角度看待数据及处理要求和约束，产生一个反映用户观点的概念模式，然后再把概念模式转换成逻辑模式。利用ER方法进行数据库的概念设计，可分成三步进行：首先设计局部ER模式，然后把各局部ER模式综合成一个全局模式，最后对全局ER模式进行优化，得到最终的模式，即概念模式。

（一）设计局部 ER 模式

实体和属性的定义：

图书（图书编号、图书名称、作者、出版社、出版日期、备注、价格、数量、类别）；

借出图书（借书证号、图书编号、借出时间）；

借阅者（借书证号、姓名、性别、身份证、联系电话、密码、罚款、身份编号）；

身份（身份编号、身份描述、最大借阅数、最长借阅时间）；

图书类别（图书类别编号、类别描述）。

ER 模型的"联系"用于刻画实体之间的关联。一种完整的方式是依据需求分析的结果，考察局部结构中任意两个实体类型之间是否存在联系。若有联系，进一步确定是 1:N、M:N，还是 1:1 等。同时，还要考察一个实体类型内部是否存在联系，两个实体类型之间是否存在联系，多个实体类型之间是否存在联系等。一般总结出如下规律：

一个借阅者（用户）只能具有一种身份，而一种身份可被多个借阅者所具有；

一本图书只能属于一种图书类别（类别），而一种图书类别可以包含多本图书；

一个用户可以借阅多本不同的书，而一本书也可以被多个不同的用户所借阅。

（二）设计全局 ER 模式

所有局部 ER 模式都设计好了后，接下来就是把它们综合成单一的全局概念结构。全局概念结构不仅要支持所有局部 ER 模式，而且必须合理地表示一个完整、一致的数据库概念结构。为了提高数据库系统的效率，还应进一步依据处理需求对 ER 模式进行优化。一个好的全局 ER 模式，除能准确、全面地反映用户功能需求外，还应满足下列条件：实体类型的个数要尽可能少；实体类型所含属性个数尽可能少；实体类型间联系无冗余。

"图书馆管理系统"的全局 ER 模式如图 8-4。

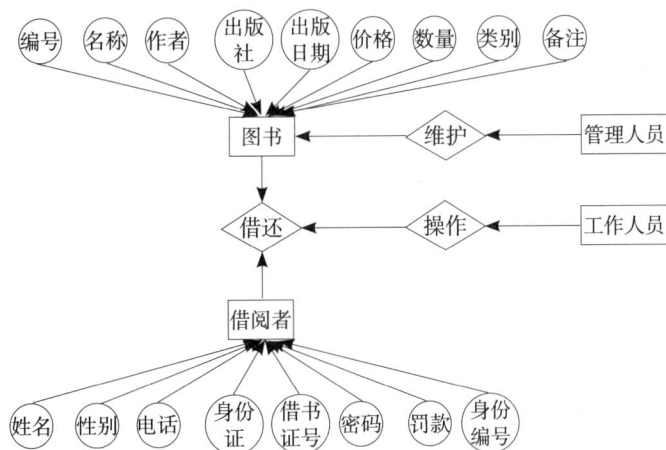

图 8-4　全局 ER 模式图

二、数据库逻辑设计

根据数据库的概念设计，我们得出数据库的逻辑设计。系统数据库名称为libraryMIS，数据库中包括：① 图书信息表（book）；② 借出图书信息表（bookOut）；③ 借阅者信息表（person）；④ 身份信息表（identity）；⑤ 图书类别信息表（type）；⑥ 管理员信息表（manager）。

上述各表的数据结构见表 8-1 ~ 表 8-6。

表 8-1　图书信息表（book）的数据结构

字段名	类　型	描　述
BID	文本	图书编号（主键）
BName	文本	图书名
BWriter	文本	作者
BPublish	文本	出版社
BDate	日期 / 时间	出版日期
BPrice	文本	价格
BNum	数字	数量
type	文本	类型
BRemark	文本	备注

表 8-2　借出图书信息表（bookOut）的数据结构

字段名	类　型	描　述
OID	自动编号	借出图书 ID（主键）
BID	文本	图书编号
PID	文本	借书证编号
ODate	日期 / 时间	借出日期

表 8-3　借阅者信息表（person）的数据结构

字段名	类　型	描　述
PID	文本	借书证编号（主键）

（续　表）

字段名	类　型	描　述
PName	文本	姓名
PSex	文本	性别
PPhone	文本	电话
PN	文本	身份证
PCode	文本	密码
PMoney	数字	罚款
identity	文本	身份
PRemark	文本	备注
sys	是 / 否	权限

表 8-4　身份信息表（identity）的数据结构

字段名	类　型	描　述
identity	文本	身份（主键）
longTime	数字	最长借阅时间
bigNum	数字	最大借阅数量

表 8-5　图书类别信息表（type）的数据结构

字段名	类　型	描　述
TID	自动编号	类别 ID
type	文本	类别（主键）
tRemark	文本	类别描述

表 8-6　管理员信息表（manager）的数据结构

字段名	类　型	描　述
MName	文本	名称（主键）
MCode	文本	密码
manage	是 / 否	管理人员

（续　表）

字段名	类　型	描　述
work	是 / 否	工作人员
query	是 / 否	查询

三、数据库表之间的关系

根据本示例的特点，需要设置类型信息表与图书信息表、图书信息表与借出图书信息表、借出图书信息表与借阅者信息表、借阅者信息表与身份信息表之间的关系，数据库中表与表之间的关系见图 8-5。

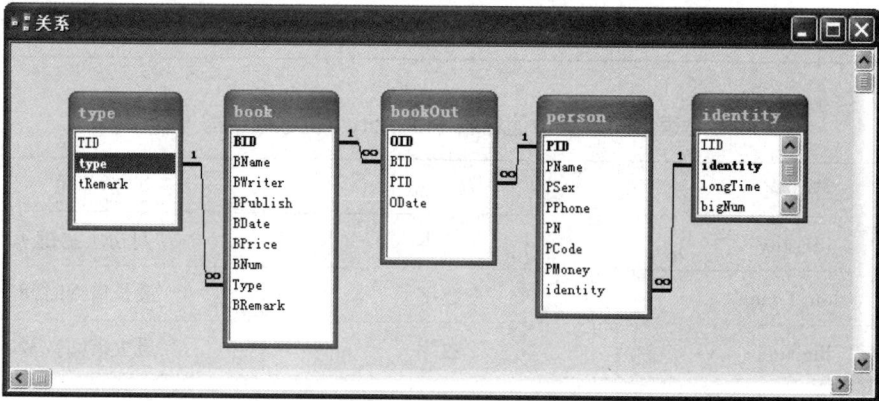

图 8-5　数据库表关系图

第四节　图书馆管理信息系统详细设计

一、数据库连接

本系统采用的 Access 文件数据库，降低了程序对硬件操作系统版本的要求。Access 数据库操作方便，配置简单，只需要把数据库文件放置到合适的目录下即可。

在本系统中，数据库文件放置的目录是 \LibraryMIS\LibraryMIS \bin\Debug\libraryMIS. mdb。

在程序中专门设计了连接字符串模块 database\dbConnection.cs，代码见例程 8-1。在程序中设置变量调用这个连接，代码见例程 8-2。

例程 8-1 数据库连接代码

```
using System;
namespace LibraryMIS.database
{
        /// <summary>
        /// dbConnection 的摘要说明。
        /// </summary>
        public class dbConnection
        {
            public dbConnection()
            {
            }
            public static string connection
            {
                get
            {
                        return"Data Source=libraryMIS.mdb;Jet OLEDB:Engine
                            Type=5;Provider=Microsoft.Jet.OLEDB.4.0;";
                }
            }
        }
}
```

例程 8-2 数据库调用代码

```
private OleDbConnection oleConnection1 = new
        OleDbConnection(LibraryMIS.database.dbConnection.connection);
```

二、系统管理设计

在主界面中单击"系统管理"→"添加用户"命令菜单或单击工具栏上的 系统 按钮，即可进入用户添加界面（图 8-6）。在该界面可以建立新的用户，并为用户选择角色，赋予权限。单击"确定"按钮，如用户信息填写完整并且用户名称不重复，则显示添加成功，否则添加失败。

在该窗体中设计了 3 个 TextBox 控件、2 个 Button 控件和 2 个 RadioButton 控件。各个控件的名称、作用见表 8-7。

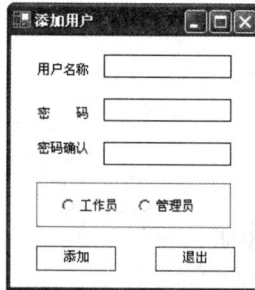

图 8-6　用户添加界面

表8-7　添加用户界面控件设计

控件类型	控件名称	作　用
TextBox	TextName	输入用户名
	TextPassWord	输入密码
	TextPWDNew	重复输入密码
Button	btAdd	添加
	btClose	退出
RadioButton	radioWork	工作员角色
	radioManager	管理员角色

在主界面中单击"系统管理"→"浏览用户"命令菜单，即可进入用户浏览界面（图8-7）。在该界面可以显示所有的图书馆工作人员信息，并可以删除用户。该界面中有一个DataGrid控件输出数据，控件名称是DataGrid1，用来显示用户信息。

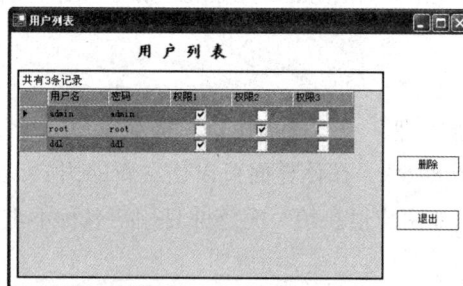

图 8-7　用户浏览界面

三、图书管理设计

在主界面中单击"图书管理"→"图书分类"命令菜单，即可进入图书分类浏览界面（图 8-8）。

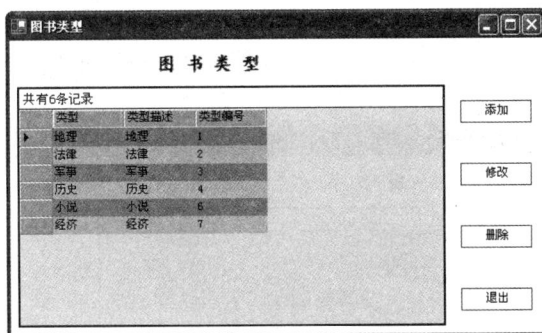

图 8-8　图书分类浏览界面

该界面中有 1 个 DataGrid 控件和 4 个 button 按钮控件，分别是"添加"（btAdd）、"修改"（btModify）、"删除"（btDel）和"退出"（btClose）。单击"添加"按钮进入图书类别添加界面（图 8-9）。

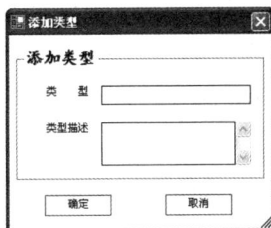

图 8-9　图书分类添加界面

用户可以在这个窗体中设置图书类型信息。单击"确定"按钮，如图书类型信息填写完整并且图书类型不重复，则显示添加成功，否则添加失败。该窗体中设计了 2 个 TextBox 控件。各个控件的名称、作用见表 8-8。

表 8-8　新建角色界面控件设计

控件类型	控件名称	作 用
TextBox	textName	输入图书类型
	textRemark	输入类型描述

195

（续　表）

控件类型	控件名称	作　用
Button	btAdd	添加
	btClose	退出

在主界面中单击"图书管理"→"浏览"命令菜单，即可进入图书浏览界面（图 8-10）。

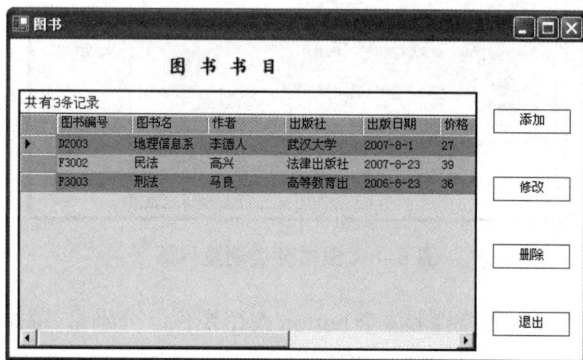

图 8-10　图书浏览界面

该界面中共有 1 个 DataGrid 控件和 4 个 button 按钮控件，分别是"添加"（btAdd）、"修改"（btModify）、"删除"（btDel）和"退出"（btClose）。

单击"添加"按钮进入图书添加界面（图 8-11）。

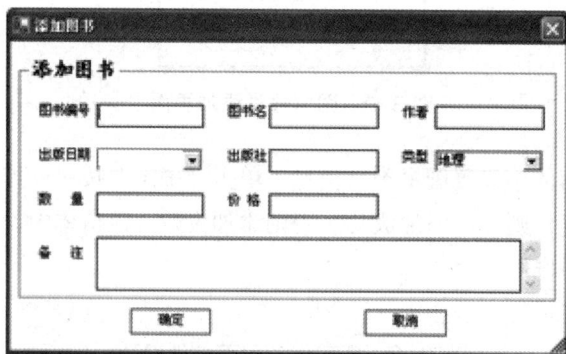

图 8-11　图书添加界面

用户可以在这个窗体中设置图书信息。单击"确定"按钮，如图书信息填写完整并且图书编号不重复，则显示添加成功，否则添加失败。该窗体中设计了 7 个 TextBox 控件、1 个 DateTimePicker 控件和 1 个 ComboBox 控件。各个控件的名称、作用见表 8-9。

表8-9　添加图书界面控件设计

控件类型	控件名称	作　用
TextBox	textID	图书编号
	textName	图书名
	textWriter	作者
	textPublish	出版社
	textNum	数量
	textPrice	价格
	textRemark	备注
DateTimePicker	date1	出版日期
ComboBox	comboType	图书类型
Button	btAdd	添加
	btClose	退出

四、读者管理设计

在主界面中单击"读者管理"→"浏览身份"命令菜单，即可进入读者身份浏览界面（图8-12）。

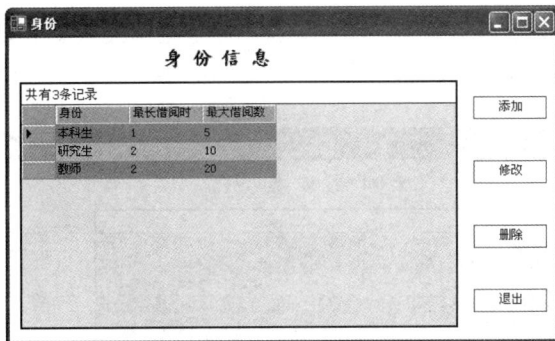

图 8-12　读者身份浏览界面

该界面中有1个DataGrid控件和4个button按钮控件，分别是"添加"（btAdd）、"修改"（btModify）、"删除"（btDel）和"退出"（btClose）。

单击"添加"按钮进入读者身份添加界面（图8-13）。

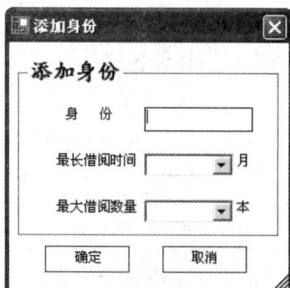

图 8-13　读者身份添加界面

　　用户可以在这个窗体中设置读者身份信息。单击"确定"按钮,如读者身份信息填写完整并且读者身份不重复,则显示添加成功,否则添加失败。该窗体中设计了 1 个 TextBox 控件和 2 个 ComboBox 控件。各个控件的名称、作用见表 8-10。

表 8-10　添加身份界面控件设计

控件类型	控件名称	作　用
TextBox	textName	输入图书类型
Button	btAdd	添加
	btClose	退出
ComboBox	comboDate	最长借阅时间
	comboNum	最大借阅数量

　　在主界面中单击"读者管理"→"浏览读者"命令菜单或者单击工具栏上的 [图标]读者 按钮,即可进入读者浏览界面(图 8-14)。

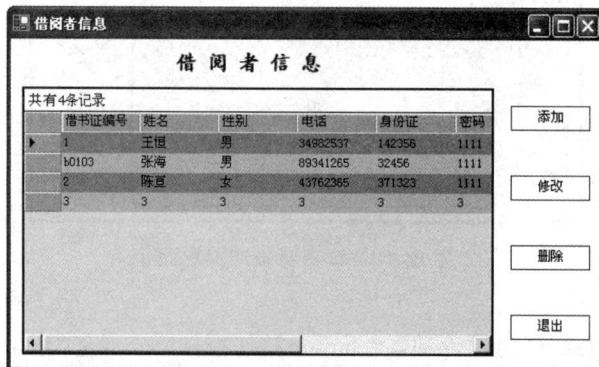

图 8-14　读者浏览界面

单击"添加"按钮进入读者添加界面（图 8-15）。

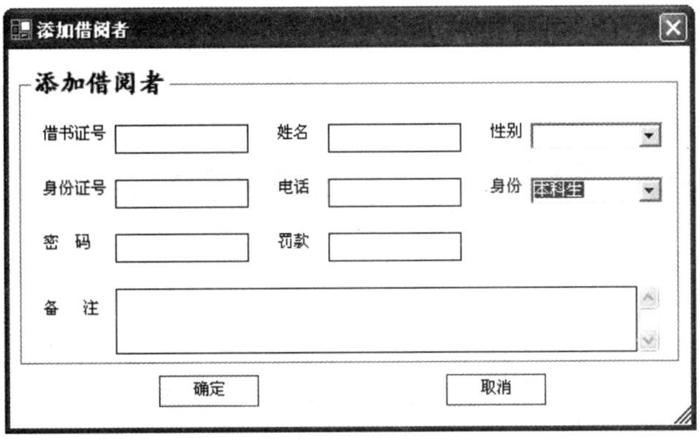

图 8-15　读者添加界面

用户可以在这个窗体中设置读者基本信息。单击"确定"按钮，如读者基本信息填写完整并且借书证号和身份证号不重复，则显示添加成功，否则添加失败。该窗体中设计了 7 个 TextBox 控件和 2 个 ComboBox 控件。各个控件的名称、作用见表 8-11。

表 8-11　添加借阅者界面控件设计

控件类型	控件名称	作　用
TextBox	textID	借书证号
	textName	姓名
	textPN	身份证
	textPhone	电话
	textCode	密码
	textMoney	罚款
	textRemark	备注
Button	btAdd	添加
	btClose	退出
ComboBox	comboSex	姓名
	comboId	身份

五、借还管理设计

在主界面中单击"借还管理"→"借书"命令菜单或者单击工具栏上的 [借书] 按钮，进入借书界面（图 8-16）。

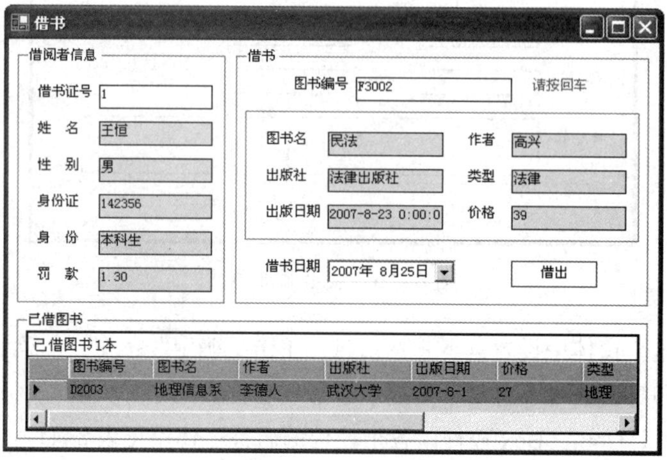

图 8-16　借书界面

在"借书证号"TextBox 中填写借书证号后回车，借阅者信息和已借图书的信息都会显示在相应控件中；在"图书编号"TextBox 中填写图书编号后回车，该编号的图书也显示在相应控件中。单击"借出"按钮，判断该借阅者是否已经借了该书，如果没有则借书成功，否则失败。

该窗体中设计了 13 个 TextBox 控件、1 个 ComboBox 控件和 4 个 DataGrid 控件，其中 3 个 DateGrid 控件不显示，只是用来传递数据。各个控件的名称、作用见表 8-12。

表8-12　借书界面控件设计

控件类型	控件名称	作　用
TextBox	textPID	借书证号
	textPName	姓名
	textPSex	性别
	textPN	身份证
	textIden	密码
	textMoney	罚款
	textBID	图书编号

（续　表）

控件类型	控件名称	作　　用
TextBox	textBName	图书名
	textWriter	作者
	textPublish	出版社
	textType	类型
	textBDate	出版日期
	textPrice	价格
Button	btOut	借书
	btClose	退出
ComboBox	comboSex	姓名
DataGrid	dataGrid1	显示已借图书信息
	dataGrid2	传递借阅者信息（不显示）
	dataGrid3	传递图书信息（不显示）
	dataGrid4	传递已借图书编号（不显示）

单击"借还管理"→"还书"命令菜单或者单击工具栏上的 [还书] 按钮，即可进入还书界面（图 8-17）。

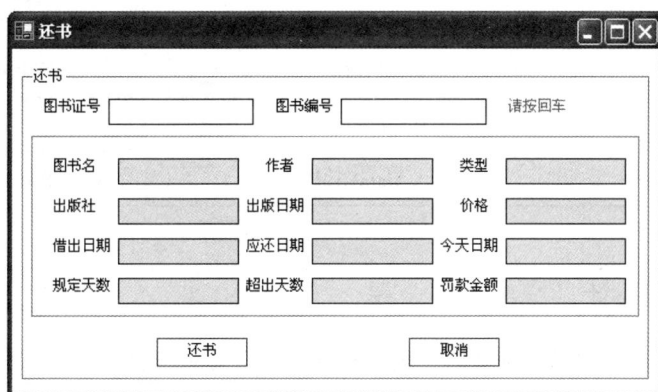

图 8-17　还书界面

在"借书证号"TextBox 中填写借书证号，在"图书编号"TextBox 中填写图书编号后回车，如果该借阅者借了该图书，则该图书信息就将显示在相应控件中，并计算出该图书的应还日期、超出天数和罚款金额。

该窗体中设计了 14 个 TextBox 控件和 1 个 DataGrid 控件。各个控件的名称、作用见表 8-13。

表 8-13　还书界面控件设计

控件类型	控件名称	作用
TextBox	textPID	借书证号
	textBID	图书编号
	textBName	图书名
	textWriter	作者
	textType	图书类型
	textPublish	出版社
	textBDate	出版日期
	textPrice	价格
	textOutDate	借出日期
	textInDate1	应还日期
	textNow	现在日期
	textBigDay	最长借阅天数
	textDay	超出天数
	textMoney	罚款（每天 0.15 元）
Button	btIn	还书
	btClose	退出
DataGrid	dataGrid1	传递图书信息（不显示）

六、查询管理设计

在主界面中单击"查询管理"→"图书查询"命令菜单或者单击工具栏上的 🔍查询 按钮，即可进入图书查询界面（图 8-18）。

该界面上共有三个查询条件：图书编号、图书名和作者。单击"查询"按钮，根据查询条件得出的图书信息将显示在 DateGrid 控件中，并且计算出该图书目前在库中的数量。

该窗体中设计了 3 个 TextBox 控件和 1 个 DataGrid 控件。各个控件的名称、作用见表 8-14。

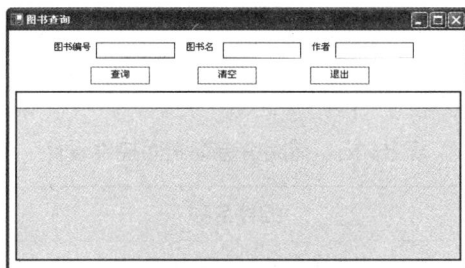

图 8-18　图书查询界面

表 8-14　图书查询界面控件设计

控件类型	控件名称	作　用
TextBox	textID	图书编号
	textName	图书名
	textWriter	作者
Button	btQuery	查询
	btClear	清空
	btClose	退出
DataGrid	dataGrid1	显示查询图书信息

单击"查询管理"→"借阅查询"命令菜单，即可进入借阅查询界面，显示当前登录用户的个人信息和已借图书信息（图 8-19）。

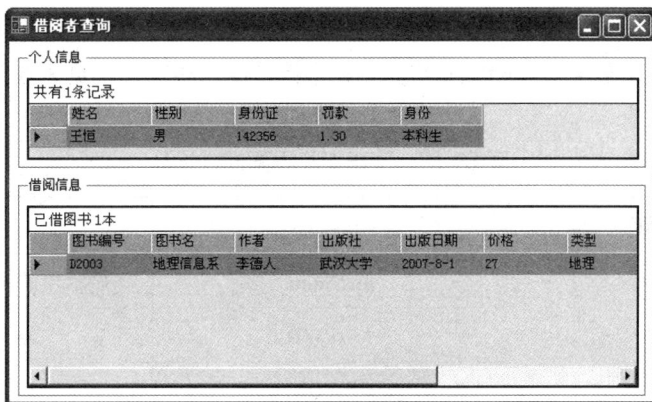

图 8-19　借阅查询界面

该窗体中设计了 3 个 DataGrid 控件，其中一个控件用来传递数据，不显示。各个控件的名称、作用见表 8-15。

表 8-15　借阅者查询界面控件设计

控件类型	控件名称	作　用
	dataGrid1	显示借阅图书信息
DataGrid	dataGrid2	显示个人信息
	dataGrid3	传递图书编号（不显示）

七、用户管理设计

在主界面中单击"用户管理"→"修改密码"命令菜单或者单击工具栏上的 ⊘用户 按钮，即可进入密码修改界面（图 8-20）。

图 8-20　密码修改界面

单击"确定"按钮，如密码正确并且新密码与确认密码相同，则显示修改成功，否则修改失败。

在该窗体中设计了 4 个 TextBox 控件。各个控件的名称、作用见表 8-16。

表 8-16　密码修改界面控件设计

控件类型	控件名称	作　用
	textName	显示当前用户名称（只读）
TextBox	textPWD	输入原密码
	textPWDNew	输入新密码
	textPWDNew2	再次输入新密码

（续　表）

控件类型	控件名称	作　用
Button	btAdd	添加
	btClose	退出

单击"用户管理"→"重新登录"命令菜单，即可退出当前用户，进入登录界面重新登录。

第五节　图书馆管理信息系统程序设计

一、登录界面编码

在登录界面中首先选择要登录的角色，然后根据权限确定显示的界面，并且要把登录用户的用户名显示到主界面的状态栏中。代码见例程 8-3。

例程 8-3 登录界面部分代码

```
private void btAdd_Click(object sender, System.EventArgs e)
{
    if(name.Text.Trim()==""||password.Text.Trim()= ="")
        MessageBox.Show(" 请输入用户名和密码 "," 提示 ");
    else
    {
        oleConnection1.Open();
        OleDbCommand cmd=new OleDbCommand("",oleConnection1);
        if (radioManage.Checked==true)
        {
            string sql="select * from manager where MName='"+name.Text.Trim()+"' and
MCode='"+password.Text.Trim()+"'";
            cmd.CommandText=sql;
            if (null!=cmd.ExecuteScalar())
            {
                this.Visible=false; // 隐藏登录窗口
                main main=new main();// 创建并打开主界面
                main.Tag=this.FindForm();
```

```
OleDbDataReader dr;
cmd.CommandText=sql;
dr=cmd.ExecuteReader();
dr.Read();
main.menuItem1.Visible=(bool)(dr.GetValue(2));
main.menuItem2.Visible=(bool)(dr.GetValue(2));
main.menuItem3.Visible=(bool)(dr.GetValue(2));
main.menuItem5.Visible=(bool)(dr.GetValue(4));
main.menuItem4.Visible=(bool)(dr.GetValue(3));
main.menuItem5.Visible=(bool)(dr.GetValue(4));
main.toolBarButton1.Visible=(bool)(dr.GetValue(2));
main.toolBarButton2.Visible=(bool)(dr.GetValue(2));
main.toolBarButton3.Visible=(bool)(dr.GetValue(3));
main.toolBarButton4.Visible=(bool)(dr.GetValue(3));
main.toolBarButton5.Visible=(bool)(dr.GetValue(4));
main.statusBarPanel2.Text=name.Text.Trim();
main.statusBarPanel6.Text=" 管理员 ";
main.ShowDialog();
}
else
    MessageBox.Show(" 用户名或密码错误 "," 警告 ");
}
else if (radioPerson.Checked==true)
{
    string sql="select * from person where PID='"+name.Text.Trim()+"' and PCode='"+password.Text.Trim()+"'";
    cmd.CommandText=sql;
    if (null!=cmd.ExecuteScalar())
    {
        this.Visible=false; // 隐藏登录窗口
        main main=new main();// 创建并打开主界面
        main.Tag=this.FindForm();
        OleDbDataReader dr;
        cmd.CommandText=sql;
        dr=cmd.ExecuteReader();
```

```
                dr.Read();
                main.menuItem1.Visible=(bool)(dr.GetValue(9));
                main.menuItem2.Visible=(bool)(dr.GetValue(9));
                main.menuItem3.Visible=(bool)(dr.GetValue(9));
                main.menuItem4.Visible=(bool)(dr.GetValue(9));
                main.toolBarButton1.Visible=(bool)(dr.GetValue(9));
                main.toolBarButton2.Visible=(bool)(dr.GetValue(9));
                main.toolBarButton3.Visible=(bool)(dr.GetValue(9));
                main.toolBarButton4.Visible=(bool)(dr.GetValue(9));
                main.statusBarPanel2.Text=name.Text.Trim();
                main.statusBarPanel6.Text=" 读者 ";
                main.ShowDialog();
            }
            else
                MessageBox.Show(" 用户名或密码错误 "," 警告 ");
        }
        else
            MessageBox.Show(" 没有选择角色 "," 提示 ");
        oleConnection1.Close();
    }
}
private void btClose_Click(object sender, System.EventArgs e)
{
    this.Close();
}
```

二、主界面编码

主界面中菜单栏的部分菜单功能代码见例程 8-4。

例程 8-4 部分菜单功能代码

```
AddUser addUser; // 新建用户
    private void menuItem8_Click(object sender, System.EventArgs e)
    {
        addUser = new AddUser();
        for(int x=0;x<this.MdiChildren.Length;x++)
        {
```

207

```
            Form tempChild = (Form)this.MdiChildren[x];
            tempChild.Close();
        }
        addUser.MdiParent = this;
        addUser.WindowState = FormWindowState.Maximized;
        addUser.Show();
    }


Book book; // 添加图书
    private void menuItem17_Click(object sender, System.EventArgs e)
    {
        book = new Book();
        for (int x=0;x<this.MdiChildren.Length;x++)
        {
            Form tempChild = (Form)this.MdiChildren[x];
            tempChild.Close();
        }
        book.MdiParent = this;
        book.WindowState = FormWindowState.Maximized;
        book.Show();
    }


PersonQuery personQuery; // 查询借阅信息
    private void menuItem12_Click(object sender, System.EventArgs e)
    {
        personQuery = new PersonQuery();
        for (int x=0;x<this.MdiChildren.Length;x++)
        {
            Form tempChild = (Form)this.MdiChildren[x];
            tempChild.Close();
        }
        personQuery.MdiParent = this;
        personQuery.Tag = this.statusBarPanel2.Text.Trim();
        personQuery.WindowState = FormWindowState.Maximized;
        personQuery.Show();
```

```
        }

ModifyCode modifyCode; // 修改密码
    private void menuItem13_Click(object sender, System.EventArgs e)
    {
        modifyCode = new ModifyCode();
        for(int x=0;x<this.MdiChildren.Length;x++)
        {
            Form tempChild = (Form)this.MdiChildren[x];
            tempChild.Close();
        }
        modifyCode.MdiParent = this;
        modifyCode.Tag = this.statusBarPanel2.Text.Trim();
        modifyCode.label5.Text = this.statusBarPanel6.Text.Trim();
        modifyCode.WindowState = FormWindowState.Maximized;
        modifyCode.Show();
    }


// 重新登录
    private void menuItem14_Click(object sender, System.EventArgs e)
    {
        ((System.Windows.Forms.Form)this.Tag).Visible=true;
        this.Close();
    }
```

主界面中工具栏的代码见例程 8-5。

例程 8-5 工具栏功能代码

```
private void toolBar1_ButtonClick(object sender, System.Windows.Forms.ToolBarButton
ClickEventArgs e)
    {
        switch(toolBar1.Buttons.IndexOf(e.Button))
        {
            case 0:
                Form addUser = new AddUser();
                for(int x=0;x<this.MdiChildren.Length;x++)
```

```
                {
                    Form tempChild = (Form)this.MdiChildren[x];
                    tempChild.Close();
                }
                addUser.MdiParent = this;
                addUser.WindowState = FormWindowState.Maximized;
                addUser.Show();
                break;
            case 1:
                Form person = new Person();
                for(int x=0;x<this.MdiChildren.Length;x++)
                {
                    Form tempChild = (Form)this.MdiChildren[x];
                    tempChild.Close();
                }
                person.MdiParent = this;
                person.WindowState = FormWindowState.Maximized;
                person.Show();
                break;
            case 2:
                Form bookOut = new BookOut();
                for(int x=0;x<this.MdiChildren.Length;x++)
                {
                    Form tempChild = (Form)this.MdiChildren[x];
                    tempChild.Close();
                }
                bookOut.MdiParent = this;
                bookOut.WindowState = FormWindowState.Maximized;
                bookOut.Show();
                break;
            case 3:
                Form bookIn = new BookIn();
                for(int x=0;x<this.MdiChildren.Length;x++)
                {
                    Form tempChild = (Form)this.MdiChildren[x];
```

```
            tempChild.Close();
        }
        bookIn.MdiParent = this;
        bookIn.WindowState = FormWindowState.Maximized;
        bookIn.Show();
        break;
    case 4:
        Form bookQuery = new BookQuery();
        for(int x=0;x<MdiChildren.Length;x++)
        {
            Form tempChild = (Form)MdiChildren[x];
            tempChild.Close();
        }
        bookQuery.MdiParent = this;
        bookQuery.WindowState = FormWindowState.Maximized;
        bookQuery.Show();
        break;
    case 5:
        ModifyCode modifyCode = new ModifyCode();
        for(int x=0;x<MdiChildren.Length;x++)
        {
            Form tempChild = (Form)MdiChildren[x];
            tempChild.Close();
        }
        modifyCode.MdiParent = this;
        modifyCode.Tag = this.statusBarPanel2.Text.Trim();
        modifyCode.label5.Text = this.statusBarPanel6.Text.Trim();
        modifyCode.WindowState = FormWindowState.Maximized;
        modifyCode.Show();
        break;
    }
}
```

主界面中状态栏的代码见例程 8-6。

例程 8-6 状态栏代码

```
private void main_Load(object sender, System.EventArgs e)
```

```
    {
        statusBarPanel1.Text = " 当前登录用户 ";
        statusBarPanel3.Text = DateTime.Now.ToString();
        statusBarPanel4.Text = " 作者 : qgy";
        statusBarPanel5.Text = " 图书馆管理信息系统 ";
    }
```

三、系统管理编码

(一) 新建用户的编码

单击"确定"按钮时需要判断信息是否填写完整、判断用户名是否已经存在、两次密码的输入是否一致。该部分代码见例程 8-7。

例程 8-7 "确定"按钮代码

```csharp
private void btAdd_Click(object sender, System.EventArgs e)
    {
        if (textName.Text.Trim()==""||textPassword.Text.Trim()==""||
textPWDNew.Text.Trim()==""||
radioManage.Checked==false&&radioWork.Checked==false)
            MessageBox.Show(" 请输入完整信息！ "," 警告 ");
        else
        {
            if (textPassword.Text.Trim()!=textPWDNew.Text.Trim())
                MessageBox.Show(" 两次密码输入不一致！ "," 警告 ");
            else
            {
                oleConnection1.Open();
                OleDbCommand cmd = new OleDbCommand("",oleConnection1);
                string sql = "select * from manager where MName =
'"+textName.Text.Trim()+"'";
                cmd.CommandText = sql;
                if (null == cmd.ExecuteScalar())
                {
                    if (radioManage.Checked==true)
                        sql = "insert into manager "+"values ('"+textName.Text.Trim()+"','"
+textPWDNew.Text.Trim()+"',true,false,false)";
                    else
```

212

```
        sql =  "insert into manager "+"values ('"+textName.Text.Trim()+"','"
+textPWDNew.Text.Trim()+"',false,true,false)";
                cmd.CommandText = sql;
                cmd.ExecuteNonQuery();
                MessageBox.Show(" 添加用户成功！ "," 提示 ");
                this.Close();
            }
            else
            {
                    MessageBox.Show(" 用户名 "+textName.Text.Trim()+" 已存在！ ","
提示 ");
                textPWDNew.Text = "";
                textPassword.Text="";
            }
            oleConnection1.Close();
        }
    }
  }
```

（二）用户浏览的编码

窗体加载时自动加载用户信息，代码见例程 8-8。

例程 8-8 窗体加载代码

```
DataSet ds;
    private void User_Load(object sender, System.EventArgs e)
    {
        oleConnection1.Open();
        string sql = "select MName as 用户名 ,MCode as 密码 ,manage as 权限 1,work as
权限 2,query as 权限 3 from manager";
        OleDbDataAdapter adp = new OleDbDataAdapter(sql,oleConnection1);
        ds = new DataSet();
        ds.Clear();
        adp.Fill(ds,"user");
        dataGrid1.DataSource = ds.Tables["user"].DefaultView;
        dataGrid1.CaptionText = " 共有 "+ds.Tables["user"].Rows.Count+" 条记录 ";
        oleConnection1.Close();
    }
```

单击"修改"按钮，代码见例程 8-9。

例程 8-9 "修改"按钮代码

```
ModifyUser modifyUser;
    private void btModify_Click(object sender, System.EventArgs e)
    {
        if (dataGrid1.CurrentRowIndex>=0&&dataGrid1.DataSource!=null
&&dataGrid1[dataGrid1.CurrentCell]!=null)
        {
            modifyUser = new ModifyUser();
            modifyUser.textName.Text = ds.Tables[0].Rows[dataGrid1.CurrentCell.
RowNumber][0].ToString().Trim();
            modifyUser.ShowDialog();
        }
    }
```

单击"删除"按钮，代码见例程 8-10。

例程 8-10 "删除"按钮代码

```
private void btDel_Click(object sender, System.EventArgs e)
    {
        if (dataGrid1.CurrentRowIndex>=0&&dataGrid1.DataSource!=null
&&dataGrid1[dataGrid1.CurrentCell]!=null)
        {
            oleConnection1.Open();
            string sql="delete * from manager where MName = '"+ds.Tables["user"].
Rows[dataGrid1.CurrentCell.RowNumber][0].ToString().Trim()+"'";
            OleDbCommand cmd = new OleDbCommand(sql,oleConnection1);
            cmd.ExecuteNonQuery();
            MessageBox.Show(" 删除用户 '"+ds.Tables[0].Rows[dataGrid1.
CurrentCell.RowNumber][0].ToString().Trim()+"' 成功 "," 提示 ");
            oleConnection1.Close();
        }
        else
            return;
    }
```

四、图书管理编码

（一）图书分类的编码

窗体加载时会建立与数据库的连接，自动加载已有的图书分类信息，代码与用户浏览界面代码相似，这里不再赘述。

单击"添加"按钮，代码见例程 8-11。

例程 8-11 "添加"按钮代码

```csharp
private void btAdd_Click(object sender, System.EventArgs e)
    {
        if (textName.Text.Trim()==""||textRemark.Text.Trim()=="")
            MessageBox.Show(" 请填写完整信息 "," 提示 ");
        else
        {

            oleConnection1.Open();
            string sql = "select * from type where type='"+textName.Text.Trim()+"'";
            OleDbCommand cmd = new OleDbCommand(sql,oleConnection1);
            if (null!=cmd.ExecuteScalar())
                MessageBox.Show(" 类型重复，请重新输入！ "," 提示 ");
            else
            {
                sql="insert into type (type,tRemark) values ('"+textName.Text.Trim()
+"','"+textRemark.Text.Trim()+"')";
                cmd.CommandText = sql;
                cmd.ExecuteNonQuery();
                MessageBox.Show(" 类型添加成功！ "," 提示 ");
                textName.Clear();
                textRemark.Clear();
            }
            oleConnection1.Close();
        }
    }
```

单击"修改"按钮，代码见例程 8-12。

例程 8-12 "修改"按钮代码

```csharp
private void btAdd_Click(object sender, System.EventArgs e)
    {
```

```
        if (textName.Text.Trim()==""||textRemark.Text.Trim()=="")
            MessageBox.Show(" 请填写完整信息 "," 提示 ");
        else
        {
            oleConnection1.Open();
            string sql = "select * from type where type ='"+textName.Text.Trim()+"' and
                TID<>"+this.Tag.ToString().Trim()+"";
            OleDbCommand cmd = new OleDbCommand(sql,oleConnection1);
            if (null!=cmd.ExecuteScalar())
                MessageBox.Show(" 类型重复 "," 提示 ");
            else
            {
                sql = "update type set type='"+textName.Text.Trim()+"',tRemark='"
+textRemark.Text.Trim()+"' where TID="+this.Tag.ToString().Trim()+"";
                cmd.CommandText=sql;
                cmd.ExecuteNonQuery();
                MessageBox.Show(" 修改成功 "," 提示 ");
                this.Close();
            }
            oleConnection1.Close();
        }
    }
```

单击"删除"按钮，代码如例程 8-13。

例程 8-13 "删除" 按钮代码

```
private void btDel_Click(object sender, System.EventArgs e)
    {
        if (dataGrid1.CurrentRowIndex>=0&&dataGrid1.DataSource!=null
&&dataGrid1[dataGrid1.CurrentCell]!=null)
        {
            oleConnection1.Open();
            string sql="select * from book where type='"+ds.Tables["type"].Rows
[dataGrid1.
    CurrentCell.RowNumber][0].ToString().Trim()+"";
            OleDbCommand cmd = new OleDbCommand(sql,oleConnection1);
            OleDbDataReader dr;
```

```
            dr = cmd.ExecuteReader();
            if (dr.Read())
            {
                MessageBox.Show(" 删除类型 '"+ds.Tables["type"].Rows[dataGrid1.
CurrentCell.RowNumber][0].ToString().Trim()
+"' 失败，请先删掉该类型图书！ "," 提示 ");
                dr.Close();
            }
            else
            {
                dr.Close();
                sql = "delete * from type where type not in(select distinct type from book) and
TID= "+ds.Tables["type"].Rows[dataGrid1.CurrentCell.
RowNumber][2].ToString().Trim()+"";
                cmd.CommandText = sql;
                cmd.ExecuteNonQuery();
                MessageBox.Show(" 删除类型 '"+ds.Tables[0].Rows[dataGrid1.CurrentCell.
RowNumber][0].ToString().Trim()+"' 成功 "," 提示 ");
            }
            oleConnection1.Close();
        }
        else
            return;
    }
```

（二）图书目录的编码

该部分分为浏览、添加、修改、删除功能，代码与图书浏览的代码相似，这里不再
赘述。

五、读者管理信息

（一）读者身份的编码

窗体加载时会建立与数据库的连接，自动加载已有的读者身份信息，单击"添加"按钮
会把读者身份信息添加到数据库中，单击"删除"按钮会把该读者身份信息删掉。代码与用
户浏览界面代码相似，这里不再赘述。

（二）读者浏览的编码

该部分功能代码与读者身份部分相似，这里不在赘述。

六、借还管理信息

（一）借书功能的编码

该部分主要有两个文本框按键响应事件 textPID_KeyDown 和 textBID_KeyDown，在文本框中填写信息后按回车键，把相应的信息显示出来。textPID_KeyDown 事件的代码见例程8-14。

例程 8-14 textPID_KeyDown 代码

```
private void textPID_KeyDown(object sender, System.Windows.Forms.KeyEventArgs e)
    {
        if (e.KeyData.ToString()=="Enter")
        {
            oleConnection1.Open();
            string sql1 = "select PName as 姓名 ,PSex as 性别 ,PN as 身份证 ,PMoney
as 罚款 ,identity as 身份 from person where PID='"+textPID.Text.Trim()+"'";
            string sql3 = "select BID from bookOut where PID = '"+textPID.Text.
Trim()+"'";
            OleDbDataAdapter adp = new OleDbDataAdapter(sql1,oleConnection1);
            OleDbDataAdapter adp3 = new OleDbDataAdapter(sql3,oleConnection1);
            ds = new DataSet();
            ds.Clear();
            adp.Fill(ds,"person");
            adp3.Fill(ds,"bookid");
            dataGrid2.DataSource = ds.Tables["person"].DefaultView;
            dataGrid4.DataSource = ds.Tables["bookid"].DefaultView;
            if (ds.Tables[0].Rows.Count!=0)
            {
                textPName.Text = ds.Tables["person"].Rows[dataGrid2.CurrentCell.
RowNumber][0].ToString().Trim();
                textPSex.Text = ds.Tables["person"].Rows[dataGrid2.CurrentCell.
RowNumber][1].ToString().Trim();
                textPN.Text = ds.Tables["person"].Rows[dataGrid2.CurrentCell.
RowNumber][2].ToString().Trim();
                textMoney.Text = ds.Tables["person"].Rows[dataGrid2.CurrentCell.
RowNumber][3].ToString().Trim();
                textIden.Text = ds.Tables["person"].Rows[dataGrid2.CurrentCell.
```

```
RowNumber][4].ToString().Trim();
                dataGrid2.CaptionText = " 共有 "+ds.Tables["person"].Rows.Count+" 条记录 ";
            }
            else
                MessageBox.Show(" 没有该借书证号 "," 提示 ");
            for (int x=0;x<ds.Tables["bookid"].Rows.Count;x++)
            {
                string sql2="select book.BID as 图书编号 ,BName as 图书名 ,BWriter
as 作者 ,BPublish as 出版社 ,BDate as 出版日期 ,BPrice as 价格 , type
as 类型 ,ODate as 借书日期 ,(select longTime from identityinfo where
identity=(select identity from person where ID='"+textPID.Text.Trim()+"'))
as 最长借书时间 ,dateAdd('m', 最长借书时间 ,ODate) as 应还日期 from book,bookOut
where book.BID=bookOut.BID and book.BID = '"+ds.Tables["bookid"].Rows[x][0]+"' and
ID='"+textPID.Text.Trim()+"'";
                OleDbDataAdapter adp2 = new OleDbDataAdapter(sql2,oleConnection1);
                adp2.Fill(ds,"bookout");
                dataGrid1.DataSource = ds.Tables["bookout"].DefaultView;
                dataGrid1.CaptionText = " 已借图书 "+ds.Tables["bookout"].Rows.Count+" 本 ";
            }
            oleConnection1.Close();
        }
    }
```

textBID_KeyDown 事件的代码见例程 8-15。

例程 8-15 textBID_KeyDown 代码

```
private void textBID_KeyDown(object sender, System.Windows.Forms.KeyEventArgs e)
    {
        if (e.KeyData.ToString()=="Enter")
        {
        oleConnection1.Open();
        string sql = "select BName as 图书名 ,BWriter as 作者 ,BPublish as 出版
社 ,BDate
as 出版日期 ,BPrice as 价格 , type as 类型 from book where BID='"+textBID.Text.Trim()+"'";
        OleDbDataAdapter adp = new OleDbDataAdapter(sql,oleConnection1);
        ds = new DataSet();
        ds.Clear();
```

```
        adp.Fill(ds,"book");
        dataGrid3.DataSource = ds.Tables["book"].DefaultView;
        if (ds.Tables[0].Rows.Count!=0)
        {
            textBName.Text = ds.Tables[0].Rows[dataGrid3.CurrentCell.
RowNumber][0].ToString().Trim();
            textWriter.Text = ds.Tables[0].Rows[dataGrid3.CurrentCell.
RowNumber][1].ToString().Trim();
            textPublish.Text = ds.Tables[0].Rows[dataGrid3.CurrentCell.
RowNumber][2].ToString().Trim();
            textBDate.Text = ds.Tables[0].Rows[dataGrid3.CurrentCell.
RowNumber][3].ToString().Trim();
            textPrice.Text = ds.Tables[0].Rows[dataGrid3.CurrentCell.
RowNumber][4].ToString().Trim();
            textType.Text = ds.Tables[0].Rows[dataGrid3.CurrentCell.
RowNumber][5].ToString().Trim();
            dataGrid3.CaptionText = " 共有 "+ds.Tables["book"].Rows.Count+" 条记录 ";
        }
        else
        MessageBox.Show(" 没有该图书编号 "," 提示 ");
        oleConnection1.Close();
    }
}
```

各项信息输入完整后，单击"借出"按钮后该图书被借出，代码见例程 8-16。

例程 8-16 "借出"按钮代码

```
private void btOut_Click(object sender, System.EventArgs e)
{
    if (textPID.Text.Trim()==""||textBID.Text.Trim()=="")
    MessageBox.Show(" 请输入完整信息 "," 提示 ");
    else
    {
    oleConnection1.Open();
    string sql="select * from bookOut where BID='"+textBID.Text.Trim()+"' and
PID='"+textPID.Text.Trim()+"'";
    OleDbCommand cmd = new OleDbCommand(sql,oleConnection1);
```

```
        if (null!=cmd.ExecuteScalar())
            MessageBox.Show(" 你已经借了一本该书 "," 提示 ");
        else
        {
            sql = "insert into bookOut (BID,PID,ODate) values ('"+textBID.Text.Trim()
+"','"+textPID.Text.Trim()+"','"+date1.Text.Trim()+"')";
            cmd.CommandText=sql;
            cmd.ExecuteNonQuery();
            MessageBox.Show(" 借出成功 "," 提示 ");
        }
    }
}
```

（二）还书功能的编码

该部分中有一个文本框按键响应事件 textBID_KeyDown，代码见例程 8-17。

例程 8-17 textBID_KeyDown 事件代码

```
    DataSet ds;
    private void textBID_KeyDown(object sender, System.Windows.Forms.Key
EventArgs e)
    {
        if (e.KeyData.ToString()=="Enter")
        {
            oleConnection1.Open();
            string sql = "select BName as 图 书 名 ,BWriter as 作 者 ,BPublish as 出 版
社 ,BDate
    as 出版日期 ,BPrice as 价格 ,type as 类型 , ODate as 借出日期 ,(select
    longTime from identityinfo where identity=(select identity from person where
    PID='"+textPID.Text.Trim()+"')) as 最长借书时间 ,dateAdd('m', 最长借书时
    间 ,ODate) as 应还日期 ,DateDiff('d', 应还日期 ,Now) as 超出天数 from
    book,bookOut where book.BID='"+textBID.Text.Trim()+"' and
    PID='"+textPID.Text.Trim()+"'";
            OleDbDataAdapter adp = new OleDbDataAdapter(sql,oleConnection1);
            ds = new DataSet();
            ds.Clear();
            adp.Fill(ds,"book");
            dataGrid1.DataSource = ds.Tables["book"].DefaultView;
```

```
        if (ds.Tables[0].Rows.Count!=0)
        {
            textBName.Text = ds.Tables[0].Rows[dataGrid1.CurrentCell.
RowNumber][0].ToString().Trim();
            textWriter.Text = ds.Tables[0].Rows[dataGrid1.CurrentCell.
RowNumber][1].ToString().Trim();
            textPublish.Text = ds.Tables[0].Rows[dataGrid1.CurrentCell.
RowNumber][2].ToString().Trim();
            textBDate.Text = ds.Tables[0].Rows[dataGrid1.CurrentCell.
RowNumber][3].ToString().Trim();
            textPrice.Text = ds.Tables[0].Rows[dataGrid1.CurrentCell.
RowNumber][4].ToString().Trim();
            textType.Text = ds.Tables[0].Rows[dataGrid1.CurrentCell.
RowNumber][5].ToString().Trim();
            textOutDate.Text = ds.Tables[0].Rows[dataGrid1.CurrentCell.
RowNumber][6].ToString().Trim();
            textBigDay.Text = Convert.ToString(Convert.ToInt16(ds.Tables[0].
Rows[dataGrid1.CurrentCell.RowNumber][7].ToString().Trim())*30);
            textInDate1.Text = ds.Tables[0].Rows[dataGrid1.CurrentCell.
RowNumber][8].ToString().Trim();

if (Convert.ToInt16(ds.Tables[0].Rows[dataGrid1.CurrentCell.
RowNumber][9].ToString().Trim())>0)
            {
                textDay.Text = ds.Tables[0].Rows[dataGrid1.CurrentCell.
RowNumber][9].ToString().Trim();
                textMoney.Text = Convert.ToString(Convert.ToInt16(textDay.
Text)*0.15);
            }
            else
            {
                textDay.Text="0";
                textMoney.Text="0";
            }
            textNow.Text = DateTime.Now.ToString();
```

```
            dataGrid1.CaptionText = " 共有 "+ds.Tables["book"].Rows.Count+" 条记录 ";
        }
        else
            MessageBox.Show(" 该读者没有借该图书 "," 提示 ");
```

```
sql = "update person set PMoney=PMoney+'"+textMoney.Text+"' where
PID='"+textPID.Text.Trim()+"'";
            OleDbCommand cmd = new OleDbCommand(sql,oleConnection1);
            cmd.ExecuteNonQuery();
            oleConnection1.Close();
        }
    }
```

各项信息输入完整后，单击"还书"按钮后该图书被还入图书馆，代码见例程 8-17。

例程 8-17"还书"按钮代码

```
    private void btIn_Click(object sender, System.EventArgs e)
    {
        if (textBID.Text.Trim()==null)
            MessageBox.Show(" 请填写图书编号 "," 提示 ");
        else
        {
            oleConnection1.Open();
            string sql = "delete * from bookOut where BID = '"+textBID.Text.Trim()+"',and
PID='"+textPID.Text.Trim()+"'";
            OleDbCommand cmd = new OleDbCommand(sql,oleConnection1);
            cmd.ExecuteNonQuery();
            MessageBox.Show(" 还书成功 "," 提示 ");
        }
    }
```

七、查询管理信息

（一）图书查询的编码

单击"查询"按钮后，根据输入的条件查询图书信息，代码见例程 8-18。

例程 8-18"查询"按钮代码

```
private void btQuery_Click(object sender, System.EventArgs e)
    {
```

```
        string sql1 = "(BNum-(select count(*) from bookOut where ";
        string sql = "select BID as 图书编号 ,BName as 图书名 ,BWriter as 作者 ,BPublish
as
    出版社 ,BDate as 出版日期 ,BPrice as 价格 , BNum as 数量 ,type as 类型 ,BRemark
    as 备注 , ";
        if (textID.Text.Trim() != "")
        {
            sql1 = sql1+" BID= "+"'"+textID.Text.Trim()+"')) as 库存数量 ";
            sql = sql+sql1+"from book where BID= "+"'"+textID.Text.Trim()+"'";
        }
        else if (textName.Text.Trim() != "")
        {
            sql1 = sql1+" BID=(select BID from book where BName='"+textName.Text+"')))
as
    库存数量 ";
            sql = sql+sql1+"from book where BName= "+"'"+textName.Text+"'";
        }
        else if (textWriter.Text.Trim() != "")
        {
            sql1 = sql1+" BID=(select BID from book where BWriter='"+textWriter.
Text+"'))) as
    库存数量 ";
            sql = sql+sql1+"from book where BWriter= "+"'"+textWriter.Text+"'";
        }
        else
        {
            MessageBox.Show(" 请输入查询条件 "," 提示 ");
            return;
        }
        oleConnection1.Open();
        OleDbDataAdapter adp = new OleDbDataAdapter(sql,oleConnection1);
        DataSet ds = new DataSet();
        ds.Clear();
        adp.Fill(ds,"book");
        dataGrid1.DataSource=ds.Tables[0].DefaultView;
```

```
        dataGrid1.CaptionText=" 共有 "+ds.Tables[0].Rows.Count+" 条查询记录 ";
        oleConnection1.Close();
    }
```

（二）借阅者查询的编码

窗体加载时会直接建立与数据库的连接，自动加载该登录用户的个人信息和已借图书信息，代码见例程 8-19。

例程 8-19 借阅者查询代码

```
DataSet ds;
    private void PersonQuery_Load(object sender, System.EventArgs e)
    {
        oleConnection1.Open();
        string sql1 = "select PName as 姓名 ,PSex as 性别 ,PN as 身份证 ,PMoney as
罚款 ,identity as 身份 from person where PID='"+this.Tag.ToString().Trim()+"'";
            string sql3 = "select BID from bookOut where PID = '"+this.Tag.ToString().
Trim()+"'";
        OleDbDataAdapter adp = new OleDbDataAdapter(sql1,oleConnection1);
        OleDbDataAdapter adp3 = new OleDbDataAdapter(sql3,oleConnection1);
        ds = new DataSet();
        ds.Clear();
        adp.Fill(ds,"person");
        adp3.Fill(ds,"bookid");
        dataGrid2.DataSource = ds.Tables["person"].DefaultView;
        dataGrid2.CaptionText = " 共有 "+ds.Tables["person"].Rows.Count+" 条记录 ";
        dataGrid3.DataSource = ds.Tables["bookid"].DefaultView;
        for (int x=0;x<ds.Tables["bookid"].Rows.Count;x++)
        {
            string sql2="select book.BID as 图书编号 ,BName as 图书名 ,BWriter as
作者 ,BPublish as 出版社 ,BDate as 出版日期 ,BPrice as 价格 , type as
类型 ,ODate as 借书日期 ,(select longTime from identityinfo where identity
=(select identity from person where PID='"+this.Tag.ToString().Trim()+"'))
as 最长借书时间 ,dateAdd('m', 最长借书时间 ,ODate) as 应还日期 from book,bookOut
where book.BID = bookOut.BID and book.BID = '"
+ds.Tables["bookid"].Rows[x][0]+"' and ID='"
+this.Tag.ToString().Trim()+"'";
            OleDbDataAdapter adp2 = new OleDbDataAdapter(sql2,oleConnection1);
```

```
            adp2.Fill(ds,"bookout");
            dataGrid1.DataSource = ds.Tables["bookout"].DefaultView;
            dataGrid1.CaptionText = "已借图书 "+ds.Tables["bookout"].Rows.Count+" 本 ";
        }
        oleConnection1.Close();
    }
```

八、用户管理信息

用户管理主要是用户密码的修改，代码见例程 8-20。在修改前要得到从 statusBar 传递过来的当前登录用户名，这样就使用户只能修改自己的密码。

例程 8-20 修改密码的代码

```
private void btSave_Click(object sender, System.EventArgs e)
    {
            if (textName.Text.Trim()==""||textPWD.Text.Trim()==""||textPWDNew.Text.
Trim()==""
    ||textPWDNew2.Text.Trim()=="")
                MessageBox.Show(" 请填写完整信息！ "," 提示 ");
            else
            {
            oleConnection1.Open();
            OleDbCommand cmd = new OleDbCommand("",oleConnection1);
            string sql1 = "select * from person where PID='"+textName.Text.Trim()
+"' and PCode='"+textPWD.Text.Trim()+"'";
            string sql2 = "select * from manager where MName='"+textName.Text.Trim()
+"' and MCode='"+textPWD.Text.Trim()+"'";
            if (label5.Text == " 管理员 ")
                cmd.CommandText = sql2;
            else
                cmd.CommandText = sql1;
            if (null!=cmd.ExecuteScalar())
            {
                if (textPWDNew.Text.Trim()!=textPWDNew2.Text.Trim())
                    MessageBox.Show(" 两次密码输入不一致！ "," 警告 ");
                else
                {
```

```
sql1 = "update person set PCode='"+textPWDNew.Text.Trim()+"' where
PID='"+textName.Text.Trim()+"'";
                        sql2 = "update manager set MCode='"+textPWDNew.Text.Trim()+"'
where
MName='"+textName.Text.Trim()+"'";
                    if (label5.Text == " 管理员 ")
                        cmd.CommandText = sql2;
                    else
                        cmd.CommandText = sql1;
                    cmd.ExecuteNonQuery();
                    MessageBox.Show(" 密码修改成功！ "," 提示 ");
                    this.Close();
                }
            }
            else
                MessageBox.Show(" 密码错误！ "," 提示 ");
            oleConnection1.Close();
        }
    }
    private void btClose_Click(object sender, System.EventArgs e)
    {
        this.Close();
    }
    private void ModifyCode_Load(object sender, System.EventArgs e)
    {
        textName.Text = this.Tag.ToString().Trim();
    }
```

参考文献

[1] 姚琪琳 . 深入理解 C# [M].3 版 . 北京：人民邮电出版社，2014.

[2] 李春葆，曾平 . C# 程序设计教程 [M].3 版 . 北京：清华大学出版社，2015.

[3] 本杰明·帕金斯 . C# 入门经典 [M].7 版 . 北京：清华大学出版社，2016.

[4] 甘勇，尚展垒 . C# 程序设计慕课版 [M]. 北京：人民邮电出版社，2016.

[5] 李科峰 . ASP.NET 大数据分页效率研究 [J]. 长春师范大学学报 ,2016,35(10):59–61.

[6] 李铭 . C# 高级编程 [M]. 北京：清华大学出版社 ,2017.

[7] 唐大仕 . C# 程序设计教程 [M].2 版 . 北京：清华大学出版社，2018.

[8] 李莹，田林 . C# 语言程序设计 [M]. 北京：清华大学出版社，2018.